TEACHING MATERIALS
FOR COLLEGE STUDENTS
高等学校教材

油气勘探与开发地质实践教学系列教材

油气田开发地质学基础练习与案例分析

张立强　主编

中国石油大学出版社
CHINA UNIVERSITY OF PETROLEUM PRESS
山东·青岛

图书在版编目(CIP)数据

油气田开发地质学基础练习与案例分析/张立强主编. -- 青岛:中国石油大学出版社，2020.1

油气勘探与开发地质实践教学系列教材

ISBN 978-7-5636-6586-0

Ⅰ. ①油… Ⅱ. ①张… Ⅲ. ①石油天然气地质－高等学校－教学参考资料 Ⅳ. ①P618.130.2

中国版本图书馆 CIP 数据核字(2019)第 271999 号

书　　名: 油气田开发地质学基础练习与案例分析

主　　编: 张立强

责任编辑: 王金丽(电话　0532-86983567)

封面设计: 青岛友一广告传媒有限公司

出 版 者: 中国石油大学出版社

(地址:山东省青岛市黄岛区长江西路 66 号　邮编:266580)

网　　址: http://cbs.upc.edu.cn

电子邮箱: shiyoujiaoyu@126.com

排 版 者: 青岛汇英栋梁文化传媒有限公司

印 刷 者: 泰安市成辉印刷有限公司

发 行 者: 中国石油大学出版社(电话　0532-86981531,86983437)

开　　本: 787 mm×1 092 mm　1/16

印　　张: 9.5

字　　数: 241 千字

版 印 次: 2020 年 1 月第 1 版　2020 年 1 月第 1 次印刷

书　　号: ISBN 978-7-5636-6586-0

定　　价: 22.00 元

前言

油气勘探与开发地质实践教学系列教材是中国石油大学(华东)"十三五"规划教材，也是山东省专业学位研究生教学案例库建设项目"地质工程专业油气勘探与开发地质教学案例库建设"、山东省重点教学改革项目"工程教育专业认证背景下的资源勘查工程特色专业建设研究"(编号:B2016Z015)的研究成果之一。

《油气田开发地质学基础练习与案例分析》是配合石油工程等专业"油气田开发地质学"课程的理论教学、研究性教学以及线上线下混合式教学改革等而编写的辅助教材，重在对基本概念、基本理论、基本技能的理解、掌握和应用，并培养学生的科学研究和创新能力。

油气田开发地质学重点研究从油气田发现至油气田废弃的各个阶段所涉及的油气田地质问题，以及相关的方法和技术，为油气田高效开发提供地质依据，具有综合性强、实践性强等特点。考虑到石油工程等专业学生仅开设"地质学基础"和"油气田开发地质学"两门地质类课程，且该专业与油气地质(石油天然气地质与勘探)及油田地质(狭义的开发地质)的关系均较密切，所以在石油工程等专业开设的"油气田开发地质学"中包含了油气地质和油田地质两部分内容。油气地质部分系统介绍油气藏的形成与分布，油田地质部分重在如何定性或定量研究开发阶段的油气田地下地质特征，实现地质与开发的结合，为将来的实际工作奠定坚实的基础。

本书的特色是基础练习与案例分析相结合。基础练习部分既包括为帮助学生理解和掌握基本概念、基本理论、基本技能而编写的名词解释、选择题、判断题、简答题等传统题目，也有为培养学生应用和分析能力而编写的图示分析及讨论题等；案例分析部分是根据学科的特色和发展，在考虑学生的知识和能力水平的基础上，利用现场实际问题和实际资料编写，以培养学生的问题分析、评价、研究能力和创新意识，探索以学生为中心、以产出为导向的教学模式。为方便自学，每章后面还给出了名词解释、选择题、判断题等客观题的参考答案，以及简答、图示分析及讨论题与案例分析等主观题的答题要点或答题思路，也鼓励学生自由发挥。本书也可作为本科生石油及天然气地质学、油气田地下地质学等课程，以及专业学位研究生相关课程的补充练习。

本书由张立强主编，李红南、刘太勋、国景星、王金友、林腊梅、宋播等中国石油大学(华东)资源系开发地质学教学组的教师参加了部分内容的编写，研究生严一鸣、唐涛、邵晓璇等参与了部分资料的整理；教务处、地球科学与技术学院、资源系和出版社在本书编写过程中给予了关心和支持，在此一并表示感谢。

由于编者水平有限，书中难免有不当之处，请使用本书的广大教师、学生予以批评指正！

目 录

第1章 绪 论 …… 1

1.1 名词解释 …… 1
1.2 选择题 …… 1
1.3 判断题 …… 1
1.4 讨论题 …… 2
参考答案 …… 2

第2章 多彩的石油与油气的生成 …… 3

2.1 名词解释 …… 3
2.2 选择题 …… 4
2.3 判断题 …… 7
2.4 填空题 …… 8
2.5 简答、图示分析及讨论题 …… 12
2.6 案例分析 …… 13
参考答案 …… 18

第3章 油气的储集层与盖层 …… 25

3.1 名词解释 …… 25
3.2 选择题 …… 25
3.3 判断题 …… 28
3.4 填空题 …… 29
3.5 简答、图示分析及讨论题 …… 31
3.6 案例分析 …… 33
参考答案 …… 39

第4章 油气运移与油气藏的形成 …… 44

4.1 名词解释 …… 44
4.2 选择题 …… 44

4.3 判断题 …… 47
4.4 填空题 …… 48
4.5 简答、图示分析及讨论题 …… 49
4.6 案例分析 …… 51
参考答案 …… 57

第 5 章 油气聚集单元及油气的分布 …… 63

5.1 名词解释 …… 63
5.2 选择题 …… 64
5.3 判断题 …… 66
5.4 填空题 …… 66
5.5 简答、图示分析及讨论题 …… 67
5.6 案例分析 …… 68
参考答案 …… 71

第 6 章 钻井地质设计与地质录井 …… 75

6.1 名词解释 …… 75
6.2 选择题 …… 76
6.3 判断题 …… 77
6.4 填空题 …… 78
6.5 简答、图示分析及讨论题 …… 79
6.6 案例分析 …… 80
参考答案 …… 84

第 7 章 油层对比与沉积微相 …… 88

7.1 名词解释 …… 88
7.2 选择题 …… 89
7.3 判断题 …… 91
7.4 填空题 …… 92
7.5 简答、图示分析及讨论题 …… 93
7.6 案例分析 …… 94
参考答案 …… 105

第 8 章 油气田地下构造 …… 113

8.1 名词解释 …… 113
8.2 选择题 …… 113
8.3 判断题 …… 116
8.4 填空题 …… 117
8.5 简答、图示分析及讨论题 …… 117
8.6 案例分析 …… 118

参考答案 …… 122
第9章 油气藏的温压特征与储量计算 …… 128
9.1 名词解释 …… 128
9.2 选择题 …… 129
9.3 判断题 …… 132
9.4 填空题 …… 132
9.5 简答、图示分析及讨论题 …… 133
9.6 案例分析 …… 134
参考答案 …… 137
参考文献 …… 142

第1章　绪　论

1.1　名词解释

开发地质学

1.2　选择题(每题有一个或多个正确答案)

1. 在古代,石油用于(　　)。
   A. 建筑　B. 防腐　C. 照明　D. 化工原料
2. 世界石油储量主要分布在(　　)中。
   A. 第三系　B. 中生界　C. 古生界　D. 前古生界
3. 世界上的常规石油储量主要分布在(　　)深度中。
   A. 小于1 000 m　B. 500～3 500 m　C. 大于7 000 m　D. 大于10 000 m
4. 渤海湾盆地的主要含油气层位是(　　)。
   A. 第四系　B. 第三系　C. 白垩系　D. 侏罗系
5. 我国新疆的含油气盆地包括(　　)。
   A. 渤海湾盆地　B. 松辽盆地　C. 塔里木盆地　D. 准噶尔盆地
6. 油气成藏的基本要素包括(　　)。
   A. 生成　B. 储集　C. 封盖　D. 运移
7. 开发地质学为油田合理开发提供地质依据,涉及的工作包括(　　)。
   A. 开发前的评价　B. 开发井位的调整
   C. 开发井监控　D. 油藏研究
8. 开发地质学的作用包括(　　)。
   A. 部署井位　B. 解决开发矛盾　C. 注采井网调整　D. 分层开采

1.3　判断题(对者打√,错者打×)

1. 目前,石油广泛应用在工业、农业、交通运输业、国防、医药等领域。(　　)
2. 我国地质学家潘钟祥从我国地质的实际出发,提出了“陆相生油论”。(　　)
3. 油气是国家重要的战略资源。(　　)
4. 在地理位置上,油气的分布具有差异性,石油总储量中的一半分布在几十个特大[大于50亿桶(1桶≈159 L)]油田中。(　　)
5. 鄂尔多斯盆地位于我国的新疆地区。(　　)

1.4 讨论题

1. 如何理解“石油是流动的黑金、工业的血液”？
2. 世界油气分布的特点有哪些？
3. 油气成藏的基本要素有哪些？
4. 开发地质学的含义及其作用是什么？

参考答案

1.1 名词解释

开发地质学：为合理开发油气田，研究储层和油气藏静态地质特征及其与油气田开发动态响应的内在联系，揭示影响油气藏采收率和剩余油分布的主要地质因素的学科。

1.2 选择题

1. ABC　2. B　3. B　4. B　5. CD　6. ABCD　7. ABCD　8. ABCD

1.3 判断题

1. √　2. √　3. √　4. √　5. ×

1.4 讨论题

1. 答：石油广泛应用于工业、农业、交通运输业、国防、医药等领域。
(1) 优质燃料：飞机、火车、汽车、轮船的燃料油品。
(2) 润滑油料：机器的“粮食”。
(3) 化工原料：化工的基础原料。
2. 答：沉积盆地含油，具有普遍性、广泛性、不均一性（地区、深度、时代）。
(1) 油气在地理位置上的差异性分布。
(2) 油气在埋深上的差异性分布。
(3) 油气在地史上的差异性分布。
3. 答：生成、储集、封盖、运移、圈闭、保存。
4. 答：分析和解决油气田开发过程中的具体地质问题，为油气田开发方案编制与调整、生产动态分析、剩余油分布研究及提高采收率等奠定地质基础。

第2章 多彩的石油与油气的生成

2.1 名词解释

1. 石油

2. 石油的馏分

3. 生物标志化合物

4. 相对密度

5. 石油的荧光性

6. 石油的凝固点

7. 天然气

8. 凝析气

9. 固态气水合物

10. 油田水

11. 边水

12. 底水

13. 石油无机成因说

14. 油气有机晚期成因说

15. 沉积有机质

16. 干酪根

17. 门限温度

18. 生油窗

19. 烃源岩

2.2 选择题(每题有一个或多个正确答案)

1. 石油中氢元素含量变化一般认为在哪个范围?(　　)
   A. 9%～11%　B. 11%～20%　C. 11%～14%　D. 20%～24%
2. 石油中碳元素含量变化一般认为在哪个范围?(　　)
   A. 75%～80%　B. 82%～83%　C. 85%～90%　D. 84%～87%
3. 石油中碳和氢的平均含量约为(　　)。
   A. 51%　B. 67%　C. 87.5%　D. 97.5%
4. 海相原油中微量元素镍(Ni)、钒(V)含量的特征为(　　)。
   A. Ni、V 含量高,$w(V)/w(Ni)<1$　B. Ni、V 含量高,$w(V)/w(Ni)>1$
   C. Ni、V 含量低,$w(V)/w(Ni)<1$　D. Ni、V 含量低,$w(V)/w(Ni)>1$
5. 陆相石油中微量元素 Ni 和 V 的含量有哪些特征?(　　)
   A. $w(Ni)/w(V)>1$　B. $w(V)/w(Ni)>1$
   C. $w(Ni)/w(V)=1$　D. $w(V)/w(Ni)=2$
6. 石油中的环烷烃化合物多为(　　)及其同系物。
   A. 三元环或四元环　B. 四元环或五元环
   C. 七元环或八元环　D. 五元环和六元环
7. 石油中的卟啉属于(　　)化合物类型。
   A. 含硫化合物　B. 含氮化合物　C. 含氧化合物　D. 烃类化合物
8. 以下属于生物标志化合物的有(　　)。
   A. 异戊间二烯型烷烃　B. 四环甾烷和五环萜烷
   C. 钒卟啉　D. 含硫化合物
9. 关于石油的颜色,下面哪种表述比较准确?(　　)
   A. 只有黑色　B. 大部分为黑色　C. 无色　D. 绿色
10. 石油的相对密度取决于哪些因素?(　　)
   A. 胶质、沥青质含量　B. 溶解气数量
   C. 温度　D. 压力
11. 原油中饱和烃含量与原油相对密度之间的关系一般为(　　)。
   A. 正相关　B. 负相关　C. 无关　D. 正线性关系
12. API°等于 15 的流体,可能是哪类?(　　)
   A. 水　B. 重质油　C. 轻质油　D. 沥青

13. 石油中正构烷烃随石油馏分相对密度增大呈现哪种变化规律?( )

A. 减少 B. 增加 C. 从增加到减少 D. 没有规律

14. 石油的溶解性具有哪些特点?( )

A. 难溶于水 B. 可溶于烃气

C. 可溶于有机溶剂 D. 溶解度与温度无关

15. 干气中 C_2^+ 含量一般定义为( )。

A. >5% B. >2% C. <5% D. <10%

16. 湿气中 C_2^+ 含量一般定义为( )。

A. >5% B. >95% C. <5% D. <2%

17. 按产状,聚集型天然气有( )。

A. 气藏气 B. 油溶气 C. 凝析气 D. 气顶气

18. 按产状,分散型天然气有( )。

A. 油溶气 B. 水溶气 C. 煤层气 D. 固态气水合物

19. 常规气藏中,天然气存在的基本形式是( )。

A. 溶解气 B. 吸附气 C. 游离气 D. 固态气水合物

20. 煤层气属于哪一类天然气?( )

A. 聚集型天然气 B. 气顶型天然气

C. 凝析气型天然气 D. 分散型天然气

21. 凝析气属于( ),形成的凝析气藏多分布在 3 000~4 000 m 深度范围内。

A. 湿气 B. 分散型天然气 C. 聚集型天然气 D. 油溶气

22. 固态气水合物属于( )。

A. 凝析气 B. 水溶气 C. 伴生气 D. 分散型天然气

23. 固态气水合物的发育环境属于( )。

A. 高压、低温 B. 低压、低温 C. 高压、高温 D. 深海

24. 油田水具有哪些特征?( )

A. 环烷酸含量较高 B. 有碘、溴等微量元素

C. 相对密度一般大于 1 D. 不导电

25. 基于苏林的天然水成因分类,油田水以( )为主。

A. 硫酸钠型 B. 碳酸氢钠型 C. 氯化镁型 D. 氯化钙型

26. 地层水中氯、钠和硫酸根三种离子的离子毫克当量浓度比 $[\rho(Na^+)-\rho(Cl^-)]/\rho(SO_4^{2-})$ 大于 1,该水是何种类型?( )

A. 氯化钙型 B. 氯化镁型 C. 硫酸钠型 D. 碳酸氢钠型

27. 水中氯、钠和镁三种离子的离子毫克当量浓度比 $[\rho(Cl^-)-\rho(Na^+)]/\rho(Mg^{2+})$ 小于 1 且大于 0,该地层水是何种类型?( )

A. 氯化钙型 B. 硫酸镁型 C. 硫酸钠型 D. 碳酸氢钠型

28. 关于油气成因,争论的核心问题是( )。

A. 有机生成还是无机生成 B. 高温生成还是低温生成

C. 早期生成还是晚期生成 D. 由什么物质生成及如何生成

29. 油气有机成因说的主要依据是( )。

A. 油气在地质时代上的分布不均衡

B. 99%以上的石油产自沉积岩

C. 石油中含有卟啉类化合物

D. 石油的分布常与深大断裂有关

30. 最有利于生油的生物有机组分是(　　)。

A. 类脂化合物　B. 蛋白质　C. 碳水化合物　D. 木质素

31. 沉积有机质的分布特点是(　　)。

A. 泥质岩多、砂岩少　B. 地层越老,保存的沉积有机质越多

C. 呈分散状态分布　D. 保存需要缺氧、还原环境

32. 干酪根的特征有(　　)。

A. 黑色或褐色粉末　B. 高分子聚合物

C. 有固定的化学成分　D. 元素组成与石油相同

33. 腐泥型有机质具有哪些特征?(　　)

A. 原始生物为富含类脂化合物的孢子和水生浮游生物

B. 原始生物为富含木质素、纤维素的陆生高等植物

C. 主要成矿方向为石油、油页岩、腐泥煤

D. 主要成矿方向为甲烷气、腐殖煤

34. 相比而言,(　　)型干酪根的生烃潜力最大。

A. Ⅰ　B. Ⅱ　C. Ⅲ　D. Ⅳ

35. 从大地构造条件方面来说,(　　)的盆地有利于形成丰富的沉积有机质并迅速向油气转化。

A. 长期、持续稳定下降的沉积盆地　B. 沉积速度约等于沉降速度

C. 沉积速度远大于沉降速度　D. 沉降速度明显大于沉积速度

36. 在海相环境中,一般认为(　　)是最有利于油气生成的古地理环境。

A. 滨海区　B. 深海区　C. 浅海区　D. 湖泊

37. 岩石中有机质演化及生烃作用主要受细菌、(　　)及催化剂等理化条件的影响。

A. 温度、时间　B. 压力

C. 热降解、热裂解　D. 有机质丰度、有机质类型

38. 地温梯度的含义是(　　)。

A. 地温随地质年代的变化率　B. 地温随深度的变化率

C. 地温随运移距离的变化率　D. 地温随地压的变化率

39. 在门限深度以上生成的天然气是(　　)。

A. 石油伴生气　B. 凝析气　C. 生物成因气　D. 石油裂解气

40. 生物化学生气阶段的主要产物有(　　)。

A. 生物化学气　B. 低熟油　C. 大量石油　D. 凝析气

41. 热裂解生凝析气阶段的主要产物有(　　)。

A. 生物化学气　B. 低熟油　C. 大量石油　D. 凝析气

42. 能够作为良好烃源岩的岩石类型有(　　)。

A. 黑色泥岩　B. 生物灰岩　C. 砂岩　D. 花岗岩

43. 能够反映有机质丰度的地球化学指标有(　　)。

A. 有机碳含量(*TOC*)　　B. 总烃(*HC*)

C. 镜质体反射率　　D. 孢粉颜色

44. 干酪根成烃演化的阶段中,有机质未成熟阶段的 R_o 一般为(　　)。

A. 小于0.5%　　B. 2.0%～4.0%　　C. 0.5%～1.3%　　D. 1.3%～2.0%

45. 干酪根成烃演化的成熟阶段中,主生油带的 R_o 一般为(　　)。

A. 0.5%～2.0%　　B. 0.5%～0.8%　　C. 0.5%～1.3%　　D. 1.3%～2.0%

2.3 判断题(对者打√,错者打×)

1. 正构烷烃的密度、熔点、沸点随相对分子质量的增大而增加。(　　)
2. 石油中的高沸点馏分,芳烃增多,多环、稠环芳烃多。(　　)
3. 生物标志化合物又称指纹化合物,是油源对比的标志,不能指示石油的有机成因。(　　)
4. 四环甾烷和五环萜烷是重要的生物标志化合物,也是石油有机成因的标志之一。(　　)
5. 海相石油含硫量低,陆相石油含硫量高。(　　)
6. 原油的芳烃和非烃化合物含量高,则颜色深;反之,则颜色浅。(　　)
7. 一般来讲,重质石油的胶质、沥青质含量高。(　　)
8. API°和波美度越大,相对密度(d_4^{20})越小,油质越轻。(　　)
9. 含油质多的轻质油,荧光颜色一般较深,为褐色。(　　)
10. 石油的导电性极差,具有高电阻率的特点。(　　)
11. 一般来讲,石油中烷烃含量高、溶解气量多、温度高,则石油的黏度低。(　　)
12. 天然气的元素组成中,C的含量比原油高,S、N、O的含量较低。(　　)
13. 压力接近常压时,天然气的黏度随温度降低、分子量增大而减小。(　　)
14. 一般来讲,气藏气的 CH_4 含量(大于95%)高、重烃气(C_2^+)少。(　　)
15. 一般来讲,气藏气和气顶气属于干气,油溶气属于湿气。(　　)
16. 固态气水合物为聚集型天然气,主要发现于冻土层、极地、深海沉积中。(　　)
17. 油田水的类型以 $CaCl_2$ 型为主,次为 Na_2SO_4 型。(　　)
18. Na_2SO_4 型油田水的离子浓度比为:$0 < [\rho(Na^+) - \rho(Cl^-)]/\rho(SO_4^{2-}) < 1$。(　　)
19. 油田水比纯水的密度和黏度高,随盐度增加,黏度增加。(　　)
20. 油田水中含有甲烷、重烃等烃类气体。(　　)
21. 划分 $CaCl_2$ 型水的根据是水中 $0 < [\rho(Na^+) - \rho(Cl^-)]/\rho(SO_4^{2-}) < 1$。(　　)
22. 按照油气无机成因说,地壳中的石油是不可再生资源。(　　)
23. 在近代海相与湖相沉积中已发现有机质向油气转化的证据,石油在人类历史上是可重复生成的,为可再生资源。(　　)
24. 沉积有机质呈分散状态分布在细粒沉积物(岩)中,分布很不均衡。(　　)
25. Ⅲ型干酪根来源于藻类、水生低等微体生物,生油潜力低。(　　)
26. Ⅰ型干酪根富含类脂化合物,直链烷烃多,高氢低氧,生油潜力大。(　　)

27. 沉积有机质的地质年龄越小，门限温度越高。 （　　）

28. 蒙脱石型黏土矿物是最主要的无机盐类催化剂，主要在成岩中晚期起作用。 （　　）

29. 细菌和催化剂都是在特定阶段作用显著，加速有机质降解生油、生气。 （　　）

30. 有机质向油气的转化是在适宜的地质环境里多种因素综合作用的结果。（　　）

31. 生物化学气为细菌气，CH_4 含量大于 95%，属于干气。 （　　）

32. 深部高温生气阶段的主要产物是干气甲烷和凝析气。 （　　）

33. 不同的埋藏方式（构造条件），有机质的生烃过程是一样的。 （　　）

34. 沉积盆地经历多次升降作用，烃源岩中的有机质尚未成熟即遭受抬升，直到再次沉降并埋藏至成熟温度，可生成大量石油。 （　　）

35. 陆相深湖—半深湖及河流相、浅海相均为有利于烃源岩发育的相带。 （　　）

36. 泥岩的有机质含量大于碳酸盐岩的有机质含量。 （　　）

2.4 填空题

1. 石油是储存于地下岩石________中的、天然生成的、以________为主要化学组分的可燃有机矿产。

2. 石油的化学元素主要有________，其中________两种元素占绝对优势。这两种元素主要以________形式存在，是组成石油的主体。

3. 原油的微量元素中，____和____两元素分布普遍并具有成因意义，海相成因的石油________，陆相成因的石油________。

4. 石油的化合物组成有____和____两大类。其中，______是主要的，这与元素组成以______占绝对优势有关。

5. 烃类化合物是由碳和氢两种主要元素组成，按其结构分为______、______及______三类。

6. 石油中的非烃类化合物主要包括______、______和______。

7. 石油中的轻馏分包括______、______，中馏分包括______、______，重馏分包括______、______。

8. 正构烷烃的相对密度、熔点及沸点均随分子量增加而______，原油的相对密度都小于 1，几乎不溶于水（气态烃除外）。

9. 大多数石油为______色，石油的颜色与______、______含量有关，含量越高，颜色越______。

10. $d_4^{60\ ^\circ\mathrm{F}}$ 即 1 atm（1 atm＝$1.013\ 25\times10^5$ Pa）下、60 ℉ $\left(^\circ\mathrm{F}=\dfrac{9}{5}\ ^\circ\mathrm{C}+32\right)$时单位体积的脱气原油与 4 ℃同体积纯水的质量之比。API°与 $d_4^{60\ ^\circ\mathrm{F}}$ 的关系为______；API°＝10 的流体可能是______；API°＝42 的流体可能是______，与 API°＝15 的流体相比，胶质、沥青质的含量______；其中，API°＝______的石油颜色深，API°＝______的石油黏度高。

11. 石油在水中的溶解度__________，对于碳数相同的非烃、芳香烃、环烷烃及烷烃等成分，在水中的溶解度依次______。石油与天然气具有互溶性。

12. 石油具有高电阻率，导电性____________。利用这一特性可在______测井曲线上判断油、水层。

13. 当溶解气量增大时，石油相对密度________，黏度____________。

14. 随温度升高，石油的黏度__________。

15. 表 2-1 为我国胜利孤岛油田、新疆油田、大庆萨尔图油田的原油物理性质参数，表 2-2 为上述三个油田原油的元素组成。A 的原油产地为________、B 的原油产地为____________；上述三个地区的原油中，______地区的原油 API°最大，________地区的原油颜色最浅，________地区的原油可能为海相或近海湖盆相半咸水—咸水沉积地层中生成的石油，________地区的原油质量最好。

表 2-1 原油的物理性质参数

原油产地	相对密度（20 ℃）	API°	黏度（50 ℃）/（$mm^2 \cdot s^{-1}$）	凝固点/℃	沥青质含量/%	胶质含量/%
胜利孤岛	0.946 0		498.0	−2	2	32.9
新疆	0.814 0		2.37	6	<0.5	<0.5
大庆萨尔图	0.861 5		23.79	30	0.98	15.9

表 2-2 原油的元素组成

原油产地	元素组成/%				
	C	H	S	N	O
A	85.74	13.31	0.11	0.15	0.69
B	84.24	11.74	2.20	0.47	
C	86.13	13.30	0.04	0.25	0.28

16. 天然气主要是碳数为 $C_1 \sim C_4$ 的气态烃，其中以甲烷为主，烃类气体中，CH_4 含量大于等于 95%、C_2^+ 含量小于 5%的烃气，称________，又称贫气；CH_4 含量小于等于 95%、C_2^+ 含量大于 5%的烃气，称________，又称富气。

17. 依据产出状态，天然气可分为聚集型和____________两大类，聚集型天然气的基本类型有：__________、__________、______________。

18. 聚集型天然气呈游离态，甲烷含量常在 95%以上，重烃气含量极少，属__________。

19. 气顶气指____。气顶气在成因和分布上均与石油关系密切，重烃气含量________________，仅次于甲烷，属于____________。

20. 凝析气以____________为主，含量多为 80%～89%，重烃气含量多为 8%～18%，非烃气含量一般较低，属于____________。

21. 当地下温度、压力超过临界条件后，轻质液态烃逆蒸发而形成的气体，称为______。

采至地面过程中，随着温度、压力下降，这部分气可凝结析离成轻质油，称__________________。

22. 分散型天然气存在相态多样，属非常规天然气，包括____________________、煤层气及___________________等类型。

23. 溶解气指在地层条件下，____。

24. 煤层气指____。

25. 固态气水合物也称__________、水化甲烷或_________，指在____________、____________条件下，_______________等气体天然地冻结在水分子的扩大晶格中，呈固态的结晶化合物。固态气水合物主要发现于冻土层、极地、深海沉积物中。

26. 固态气水合物形成的两个最重要的条件是_______________、________________。

27. 油田水指油气田区域（含油构造）内的地下水，包括油层水和非油层水。油层水因含有较多的盐类，相对密度一般____________，黏度、导电性明显高于非油层水，含盐量越高，相对密度及黏度越大，导电性________。

28. 苏林利用原子比，把天然水划为_________、___________、__________、__________四种基本类型。油田水以______________型水最多，其次为________________型水。

29. 油田水的主要来源有____________、________________和深成水。

30. 油田水的产状主要有____________、____________、______________，根据油气水的关系又分为____________、______________。

31. 根据对生油原始物质截然不同的认识，油气成因理论可归纳为____________________和_________________两大学派。__________说认为石油及天然气是在地下深处高温、高压条件下由____________________生成的；____________说则主张石油及天然气是在地质历史上由分散在沉积岩中的______________转化而成。

32. 有机成因说的主要依据有：____。
____。

33. 石油绝大多数分布于沉积岩中，石油和天然气在地质时代上的分布极不均衡，成分上为多种碳氢化合物组成的非常复杂的混合物等特征，是____________学派的主要依据。

34. 生成油气的沉积有机质主要由____________、蛋白质、碳水化合物以及木质素等生物化学聚合物组成，具有复杂的化学结构。_______________水解后成脂肪酸，是形成石油的主要有机组分之一；蛋白质可能是油气中低碳烃的来源之一。

35. 沉积岩中的有机质，依据其可溶性分为两部分：_______________、_______________。

36. 沉积有机质常呈____________分布于沉积岩中，总量很大，分布不均衡。

37. 沉积有机质的分布与岩性有密切关系，其中_____________有机质含量高，平均为2.1%；碳酸盐岩有机质含量次之，平均为0.29%；砂岩有机质含量低，平均为0.05%。

38. 在不同地质时代中，沉积有机质的分布不均衡，总的趋势为：年代越老，沉积有机质__________。

39. 根据来源及成矿方向，沉积有机质大致可以分为____________和_______________两大类。____________主要来自海洋或湖泊环境水下淤泥中的孢子及浮游类生物，可以形成石油、油页岩。_______________指泥炭形成的产物，来自有氧条件下沼泽环境的陆生植物，主要形成天然气和腐殖煤，在一定条件下也可以生成液态石油。

40. 干酪根是一种________，没有固定的化学成分、分子式和结构模型，元素组成主要为________，其中，C、H、O 占 93.8%，是干酪根的主要成分。

41. Ⅰ型干酪根以________化合物为主，______烷烃多，多环芳香烃及含氧官能团少；母体主要来源于________；生油潜能________。

42. Tissot 根据干酪根的元素分析，采用________和________原子比绘制范氏图，将其分为三类，Ⅰ型干酪根 H/C 原子比________。

43. 有利于油气生成的大地构造条件是________。

44. 在海相环境中，一般认为________是最有利于油气生成的古地理环境，而滨海区和深海区不利于有机质保存和油气的生成。我国四川盆地的志留系、二叠系、三叠系烃源岩都属于________环境的产物。在陆相环境中，________是烃源岩发育的有利区域。

45. 热力作用主要体现在________和________两个方面。在有机质向石油转化的过程中，________是最持久和有效的作用因素，________不足可用延长________来弥补，二者可以互为补偿。

46. 有机质的成熟温度或生油门限是________。时代较老的烃源岩层，门限温度________；时代较新的烃源岩层，门限温度________。

47. ________是自然界中分布最广的无机盐类催化剂。

48. 促使有机质向油气转化的理化条件有________、________、________、________等。

49. 原始有机质向石油和天然气转化的阶段分为________、________、________、________四个逐步过渡的阶段。

50. 生物化学气或细菌气(属于干气)指________。

51. 生油窗指________。

52. 天然气的成因类型主要有________、________、________、________、________。

53. 烃源岩的特征是________、________、________，常含指示还原环境的分散状黄铁矿，偶尔见原生油苗。

54. 按照岩性特征，烃源岩的主要类型有________、________两大类。

55. 最有利的生油岩沉积相为浅海相、________、________等。

56. 烃源岩生烃潜力，主要从有机质的________、________、________三个方面进行评价。

57. 一般，可以利用________、________、________、________等参数确定烃源岩中有机质的成熟度。

58. 当 R_o________时，干酪根在________作用下生成高温甲烷。

2.5 简答、图示分析及讨论题

1. 什么是生物标志化合物？常见的类型有哪些？其地质意义是什么？
2. 什么是原油的相对密度？什么是 API°？二者的关系是什么？
3. 气藏气中常见的化学组成是什么？
4. 天然气的产状类型有哪些？
5. 油田水的化学组成是什么？类型有哪些？
6. 简述石油的溶解性及地质意义。
7. 什么是石油的荧光性？其有何作用？
8. 天然气的烃类组成是什么？非烃类天然气的存在说明哪些问题？
9. 油气有机成因说的主要证据有哪些？
10. 简述沉积有机质的形成过程及影响因素。
11. 什么是干酪根？简述干酪根的特征、类型。
12. 试述影响油气生成的地质及理化条件。
13. 简述沉积有机质的成烃演化阶段及其主要烃类产物。
14. 如何确定有机质的类型？
15. 如何评价有机质的成熟度？
16. 评价有机质丰度的指标有哪些？
17. 如何评价烃源岩的好坏？
18. 根据图 2-1 分析不同盆地门限温度、门限深度的影响因素。

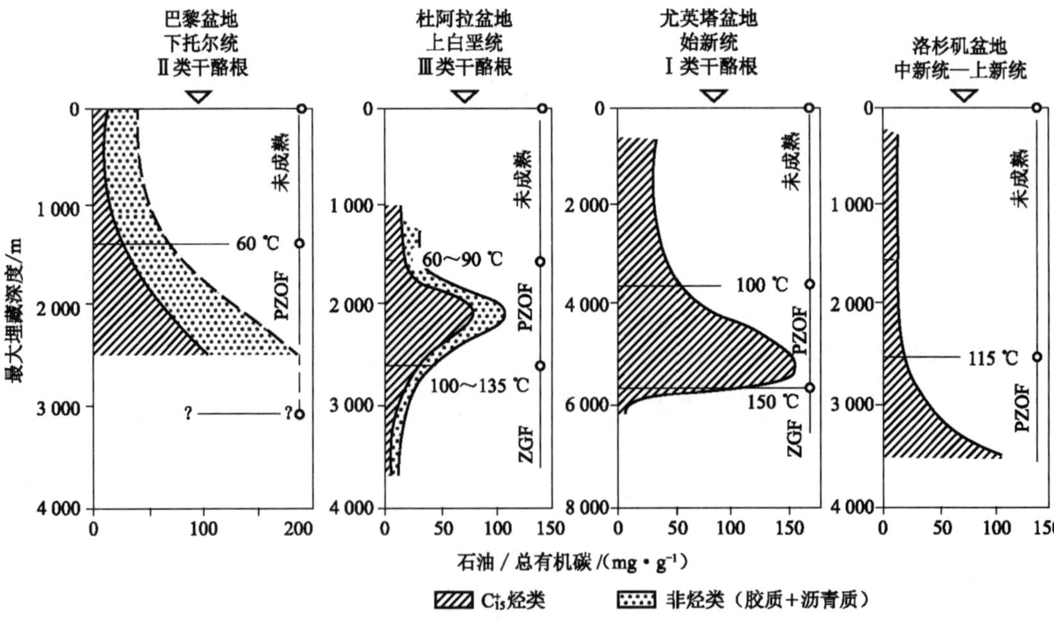

ZGF—裂解生气带；PZOF—主要生油带

图 2-1 不同盆地干酪根类型、门限温度与埋藏深度的关系

19. 根据图 2-2 分析我国不同盆地不同时代烃源岩埋藏深度与油气生成的关系。

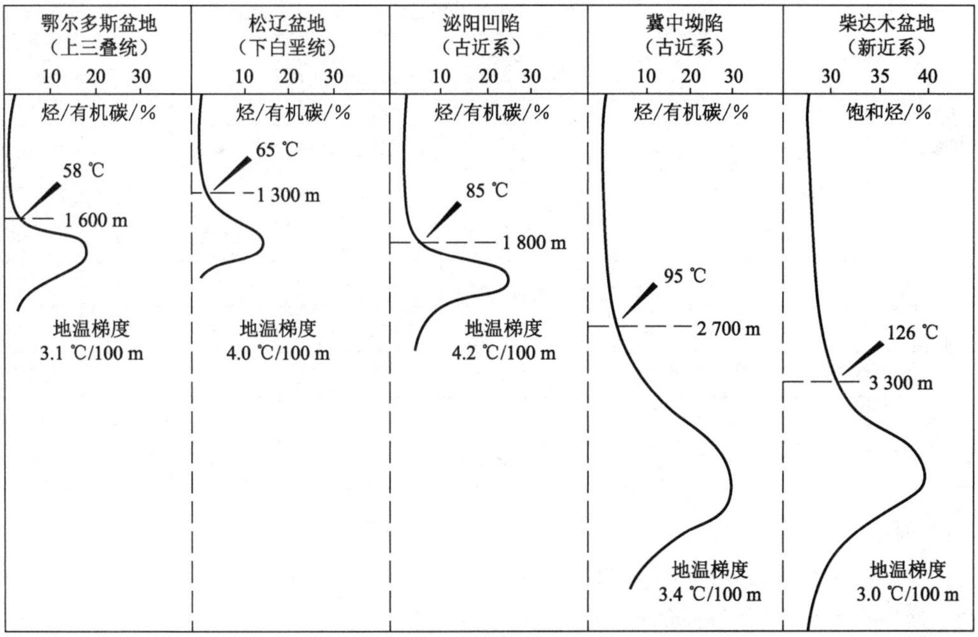

图 2-2 我国不同盆地不同时代烃源岩埋藏深度与油气生成的关系

20. 油田水的物理性质对油气勘探和开发有哪些作用？

21. 如何利用有机成因说指导油气的勘探与开发？

22. 结合不同的油气成因理论，讨论未来油气勘探的方向和领域。

2.6 案例分析

1. 案例 1：渤海湾盆地孤岛油田新近系天然气及油田水类型分析

（1）资料。

表 2-3 为孤岛油田新近系天然气组分统计表，表 2-4 为孤岛油田新近系油田水分析资料统计表。

表 2-3 孤岛油田新近系天然气组分统计表

层位		深度/m	组成/%							相对密度	资料来源
			CO_2+H_2S	N_2	CH_4	C_2H_6	C_3H_8	C_4H_{10}	C_5^+		
明化镇组		735.8～770.2	0.09	0.59	99.33	0	0	0	0	0.557 3	渤 35
馆陶组	$1+2^5$	1 029.0～1 132.0	0	0.40	99.60	0	0	0	0	0.55	渤 6
	3^1	1 177.2～1 180.6	0.45	0.04	97.40	1.43	0.43	0.19	0	0.572 8	渤 101
	5^3	1 252.0～1 283.6	0.58	0.27	90.35	3.32	2.81	1.98	0.68	0.645 7	中 19-6
	6	1 220.8～1 285.8	2.7	0	87.14	3.18	3.76	2.41	0.80	0.682 2	渤 2

表 2-4 孤岛油田新近系油田水分析资料统计表

层位		深度/m	主要粒子质量浓度/(mg·L^{-1})							总矿化度/(mg·L^{-1})
			$K^{+}+Na^{+}$	Mg^{2+}	Ca^{2+}	SO_4^{2-}	HCO_3^{-}	CO_3^{2-}	Cl^{-}	
明化镇组		792.8～866.6	890	17	24	587	392	29	766	2 705
馆陶组	1～2	1 184.6～1 189.0	945	4	17	1	809	44	977	2 797
	3	1 176.6～1 201.6	1 285	9	17	0	1 257	138	1 144	3 850
	4	1 239.4～1 246.2	1 419	6	13	2	1 196	44	1 481	4 161
	5	1 286.2～1 298.4	2 862	14	89	0	51	0	4 320	7 336
	6	1 323.6～1 327.4	4 551	59	120	0	741	28	6 950	12 449
东营组		1 583.8～1 586.8	1 513	15	60	61	149	0	2 381	4 197
沙河街组		1 802.0～1 840.0	5 972	146	680	0	203	0	10 757	17 768

(2) 要求。

① 根据产状和成因,分析气藏的类型。

② 分析不同类型气藏的成分差异。

③ 根据苏林分类,分析水的类型。

④ 简述不同水型的油气勘探意义。

2. 案例 2:鄂尔多斯盆地伊陕斜坡南部长 6 段地层水特征

(1) 资料。

研究区位于鄂尔多斯盆地伊陕斜坡南部,构造平缓,为一西倾的单斜,局部发育低幅度的鼻状隆起。研究区中生界发育较全,上三叠统延长组为主要的含油层系,自下而上分为长10—长 1 段,主要岩性为灰色—灰绿色细砂岩、泥质细砂岩、粉砂岩、泥质粉砂岩和灰黑色泥岩。延长组沉积时期,鄂尔多斯盆地发育内陆湖盆,长 6 段沉积时期,湖盆周缘发育多个大型湖泊三角洲沉积体系,研究区发育北东向的曲流河三角洲以及大面积分布的三角洲前缘滑塌浊积水道沉积。

鄂尔多斯盆地南部地区长 6 段地层水资料的统计结果见表 2-5。

表 2-5 鄂尔多斯盆地南部地区长 6 段地层水化学特征统计

井号	深度/m	阳离子质量浓度/(mg·L^{-1})				阴离子质量浓度/(mg·L^{-1})			总矿化度/(mg·L^{-1})	pH 值	水型
		$Na^{+}+K^{+}$	Ca^{2+}	Mg^{2+}	$Ba^{2+}+Sr^{2+}$	Cl^{-}	SO_4^{2-}	HCO_3^{-}			
H135	1 406.0	5 385.86	180.36	42.54	171.67	8 706.16	0	285.76	14 772.35	6.80	
H155	1 470.0	5 688.41	1 553.10	30.39	68.67	11 552.10	0	156.48	19 049.15	10.85	
H156	1 270.0	11 396.37	450.90	30.39	343.35	18 494.26	0	244.93	30 960.20	6.98	
H158	1 033.5	8 250.19	300.60	30.39	171.67	12 995.97	0	721.19	22 483.39	7.48	
H159	981.0	7 856.14	350.70	151.94	343.35	12 496.12	360.22	639.55	22 385.37	7.18	

续表

井号	深度/m	阳离子质量浓度/(mg·L⁻¹)				阴离子质量浓度/(mg·L⁻¹)			总矿化度/(mg·L⁻¹)	pH值	水型
		$Na^{+}+K^{+}$	Ca^{2+}	Mg^{2+}	$Ba^{2+}+Sr^{2+}$	Cl^{-}	SO_4^{2-}	HCO_3^{-}			
H166	1 463.0	5 753.93	470.94	18.23	171.67	7 570.60	0	0	14 761.73	11.55	
S19	1 439.0	9 426.82	611.22	54.70	274.68	15 345.24	0	0	26 112.44	8.40	
S40	1 350.5	3 598.62	369.48	102.97	239.53	6 547.97	0	135.29	10 993.86	6.20	
H11	1 541.5	18 437.52	751.50	12.15	137.34	28 512.30	1 152.72	0	49 412.13	8.85	
H136	1 350.5	9 695.34	891.78	139.78	103.01	16 893.40	0	81.64	27 845.12	7.86	
H137	1 311.0	8 737.81	551.10	243.10	171.67	13 888.20	1 464.91	204.11	25 394.72	6.89	
H14	1 559.5	5 393.91	400.80	30.38	103.00	8 203.70	0	0	14 884.30	10.94	
H140	1 430.5	9 432.79	601.20	91.16	137.34	15 811.10	0	231.33	26 304.92	6.72	
H141	1 581.0	8 553.43	601.20	121.55	68.67	14 238.20	312.19	136.07	24 111.60	7.36	
H142	1 637.0	22 129.25	801.60	85.08	103.00	35 715.80	0	0	58 834.73	7.55	
H26	1 403.5	8 633.43	721.44	158.01	446.35	15 232.50	0	183.76	25 375.49	6.90	
H29	1 407.0	5 618.76	410.82	54.70	103.00	9 394.04	0	360.59	15 941.91	6.62	
H38	1 295.0	8 125.58	1 202.40	60.77	171.67	14 103.90	744.46	299.61	24 788.80	5.67	
H45	1 401.0	10 759.55	1 102.20	170.17	68.67	18 874.80	0	176.90	31 232.58	6.42	
H58	1 237.0	10 231.47	951.90	139.78	412.02	17 810.60	0	193.22	29 875.04	6.52	
H60	1 523.0	8 519.40	901.80	328.12	206.01	15 534.50	0	449.05	25 938.88	7.54	
H61	1 416.5	9 970.76	1 102.20	54.70	206.01	17 182.90	288.18	91.17	29 016.36	6.92	
HC37	1 580.5	11 890.66	1 054.90	148.53	96.82	20 578.10	0	182.5	33 951.58	6.50	
平均值		9 282.00	710.18	99.98	187.79	15 464.45	187.94	207.53	26 297.42	7.60	—
海洋水均值		11 094.00	420.00	1 317.00	7.93	19 342.00	2 688.00	150.00	35 00.00	7.6～8.4	—

（2）要求。

① 按苏林分类法，研究区长6段地层水属于哪种水型？并绘出苏林成因分类图。

② 地层水pH值、地层水总矿化度的特征有哪些？不同水型有何油气地质意义？

（注：地表水矿化度为100 mg/L，海水总矿化度为35 000 mg/L；一般来讲，地层水矿化度高值表明其保存环境的封闭程度好。）

3. 案例3：塔里木油田塔北A井油气水特征分析

（1）资料。

表2-6为塔里木油田A井钻杆测试数据。

表 2-6　A 井钻杆测试数据表

测试日期	2011-12-15—12-17	测试器类型		测试层位	侏罗系阿合组	测试井段/m	4 730.0～4 811.5
显示井段/m	4 708.0～4 811.38	座封位置/m	环空放喷测试	流动压力/MPa		地层压力/MPa	
静温/℃		一开时间/min		二开时间/min		三开时间/min	
累计产量/m³		油	48.77	气	525 414	水	0
日产量/($m^3 \cdot d^{-1}$)		油	71	气	584 088	水	0

油气水分析——原油分析

密度/($g \cdot cm^{-3}$)		50 ℃动力黏度/(mPa·s)	含硫/%	含蜡/%	含胶质/%	沥青质/%	凝固点/℃	初馏点/℃	总馏量/%	含水/%
20 ℃	0.807 8	0.956 1	0	9.6	0	0	2.0			0
50 ℃	0.785 4									

油气水分析——气分析

相对密度	CH_4/%	C_2H_6/%	C_3H_8/%	i-C_4H_{10}/%	n-C_4H_{10}/%	H_2S/%	CO_2/%	N_2/%	空气/%
0.635 9	89.6	5.01	1.34	0.319	0.302	0	2.91	0.174	2.26

油气水分析——水分析

CO_3^{2-}/($mg \cdot L^{-1}$)	HCO_3^-/($mg \cdot L^{-1}$)	Cl^-/($mg \cdot L^{-1}$)	SO_4^{2-}/($mg \cdot L^{-1}$)	Ca^{2+}/($mg \cdot L^{-1}$)	Mg^{2+}/($mg \cdot L^{-1}$)	$K^+ + Na^+$/($mg \cdot L^{-1}$)	总矿化度/($mg \cdot L^{-1}$)	水型	pH 值
0	1.59×10^2	7.72×10^1	1.449×10^2	2.298×10^1	2.170	1.486×10^2	5.556×10^2		6.39

备注：

1. 氮气钻进条件下的裸眼中途测试，为井段 4 708.0～4 811.38 m 的产能、液体资料。
2. 测试厚度 103.38 m，有效厚度 41.5 m。
4. 实验室流体分析：天然气样分析平均分子量 18.42，水样为浅黄色、有刺激性气味、半透明液体，有大量颗粒沉淀物，密度 0.997 9 g/cm³。
5. 10 mm 油嘴求产期间，井口压力和油气产量均较高，气产量后期稳定，油产量波动较大，说明储层渗流能力较好，产出能力较强；在井深 4 766 m、4 811.38 m 排砂管口火焰长度分别为 8～9 m、25～30 m，可见下部储层较上部更为发育。
6. 折产量对应时间 3 h，油嘴 10 mm、孔板 88.9 mm、油压 45.2 MPa。

(2) 要求。

根据测试数据完成以下分析内容：

① 根据原油、气、水分析数据，推测测试层位的油气层的类型。

② 根据水分析，按照苏林分类，判断地层水的类型。

4. 案例 4：辽中凹陷 JZ16-4-2 井东营组烃源岩特征分析

(1) 资料。

JZ16-4-2 井所取的泥岩样品测试统计结果见表 2-7。

表 2-7 JZ16-4-2 井泥岩地球化学参数测试统计结果

层 位	深度/m	R_o/%	*TOC*/%	H/C 原子比	O/C 原子比
东二段	2 150	0.43	0.26	0.9	0.2
	2 250	0.46	0.32	0.96	0.18
	2 350	0.48	0.55	1.0	0.175
	2 400	0.47	0.4	1.04	0.16
	2 450	0.48	0.61	0.95	0.162
	2 550	0.43	0.66	0.93	0.165
	2 650	0.56	0.75	0.9	0.16
	2 680	0.45	0.9	1.05	0.16
	2 750	0.38	0.86	0.92	0.145
	2 770	0.46	1.24	1.12	0.135
	2 800	0.45	1.26	1.1	0.125
	2 875	0.63	1.08	1.23	0.1
东三段	2 900	0.4	1.4	1.15	0.08
	2 950	0.47	1.6	1.13	0.12
	3 000	0.40	1.75	1.25	0.125
	3 060	0.42	1.8	1.18	0.13
	3 100	0.44	1.9	1.18	0.1
	3 200	0.45	2.05	1.13	0.12
	3 150	0.48	0.85	1.12	0.085
	3 450	0.58	2	1.1	0.165
	3 500	0.6	2.05	1.03	0.17
	3 550	0.54	1.5	1.0	0.15
	3 700	0.55	2.05	1	0.13
	3 600	0.62	2.1	0.96	0.13
	3 730	0.72	1.7	0.93	0.13
	4 000	0.7	2	0.92	0.1
	4 100	0.71	1.65	0.8	0.075
	4 150	0.65	1.9	0.75	0.08

(2) 要求。

根据中国陆相烃源岩有机质丰度评价标准(表 2-8),从有机质丰度、有机质类型、有机质成熟度三个方面进行烃源岩评价。

① 根据总有机碳含量评价有机质丰度。

② 绘制干酪根类型范氏图,分析有机质类型,并指出生油潜能高的层段。

③ 绘制镜质体反射率(R_o)与深度关系图,判断有机质成熟度。

表 2-8　中国陆相烃源岩有机质丰度评价标准

	沉积相	深　湖	半深湖	浅—半深湖	滨浅湖	河流—滨湖
地质特征	岩　性	灰黑色泥岩	黑褐色泥岩	灰绿色泥岩	灰绿色泥岩	红色泥岩
	生物特征	浮游生物为主	浮游生物为主，陆源生物	常见植物碎屑	常见植物碎屑	生物贫乏
地球化学指标	TOC/%	1.5～2.0	1.0～1.5	0.6～1.0	0.4～0.6	＜0.4
	总烃/($\mu g \cdot g^{-1}$)	＞1 000	500～1 000	200～500	100～200	＜100
	氯仿沥青“A”含量/%	＞0.15	0.1～0.15	0.05～0.1	0.01～0.05	＜0.01
	干酪根类型	Ⅰ	$Ⅱ_1$	$Ⅱ_2$	Ⅲ	Ⅲ
	R_o/%	0.6～1.2	0.6～1.2	0.6～1.2	0.6～1.2	＜0.6
	孢粉颜色	橘色—橙色	橘黄—橙色	橘黄—橙色	橘黄—橙色	淡黄或黑色
	OEP	1.0～1.1	1.1～1.3	1.1～1.3	1.3～1.2	＞2
	总烃/TOC	＞6	4～6	2～4	1～2	＜1
评　价		极　好	好	较　好	差	非烃源岩

参考答案

2.1　名词解释

1. 石油：储存于地下岩石空隙(孔、洞、缝)中的、天然生成的、以液态烃为主要化学组分的可燃有机矿产。

2. 石油的馏分：每一种化合物都有一定的沸点，在不同温度下从石油中蒸馏出来的产品称为石油的馏分。

3. 生物标志化合物：来源于生物体，基本保持了原始组分的碳骨架，记载了原始生油母质特殊分子结构信息的有机化合物。

4. 相对密度：1 atm 下，20 ℃脱气原油质量与 4 ℃同体积纯水质量之比。

5. 石油的荧光性：石油在紫外线的照射下产生荧光的特性。

6. 石油的凝固点：石油失去流动能力的最高温度称为石油的凝固点。

7. 天然气：储存于地下岩石孔隙和裂缝中的、天然生成的、以气态烃为主的可燃性有机矿产。

8. 凝析气：当地下温度、压力超过临界条件时，液态烃逆蒸发而形成的气体称为凝析气。(一旦采至地表，其随温度、压力的降低又逆凝结为轻质油，即凝析油。)

9. 固态气水合物：在高压、低温条件下，甲烷等气体被天然地冻结在水分子的扩大晶格中，呈固态的结晶化合物。

10. 油田水：油、气田区域内与油气藏有密切联系的地下水，一般指直接与油层连通的地下水。

11. 边水：含油外边缘以外的水。

12. 底水：含油外边缘以内、油水接触面以下的水。

13. 石油无机成因说：石油是由地壳内部本身的碳元素在高温高压条件下经过多种物理化学反应而生成的，与生物无关。

14. 油气有机晚期成因说：沉积物中的有机质，在特定的地质环境中，在细菌、催化剂、温度、放射性等作用下，经历生物化学、热催化、热裂解、高温变质阶段，陆续转化成石油和天然气。

15. 沉积有机质：在还原环境中伴随其他矿物一起沉积、保存下来的生物残留物质。

16. 干酪根：沉积岩中不溶于碱、非氧化型酸和非极性有机溶剂的分散有机质。

17. 门限温度：有机质开始大量转化为石油时的温度，也称成熟温度。

18. 生油窗：有机质成熟、进入生油门限，大量转化为石油和湿气的主要生油时期。

19. 烃源岩：能够生成石油或天然气的岩石。

2.2　选择题

1. C　2. D　3. D　4. B　5. A　6. B　7. B　8. ABC　9. B　10. AB　11. B　12. B
13. A　14. ABC　15. C　16. A　17. ACD　18. ABCD　19. C　20. D　21. AC
22. D　23. A　24. ABC　25. D　26. D　27. B　28. A　29. ABC　30. A　31. ACD
32. AB　33. AC　34. A　35. AB　36. C　37. AB　38. B　39. C　40. AB　41. D
42. AB　43. AB　44. A　45. C

2.3　判断题

1. √　2. √　3. ×　4. √　5. ×　6. √　7. √　8. √　9. ×　10. √　11. √　12. ×
13. √　14. √　15. ×　16. ×　17. ×　18. √　19. √　20. √　21. ×　22. ×
23. ×　24. √　25. ×　26. √　27. √　28. √　29. √　30. √　31. √　32. ×
33. ×　34. √　35. ×　36. ×

2.4　填空题

1. 空隙(孔、洞、缝)，液态烃；
2. 碳、氢、氧、硫、氮，碳和氢，烃类；
3. 钒(V)和镍(Ni)，$w(V)/w(Ni)>1$，$w(V)/w(Ni)<1$；
4. 烃类，非烃类，烃类，C、H；
5. 烷烃，环烷烃，芳香烃；
6. 含氧，含硫，含氮化合物；
7. 石油气，汽油，煤油，柴油，润滑油，杂油；
8. 升高；
9. 黑，胶质，沥青质，深；

10. $API^\circ=\frac{141.5}{d_4^{60\ ^\circ F}}-131.5$,水,轻质油,低,15,15;

11. 低,变小;

12. 差,电阻率;

13. 减小,增大;

14. 降低;

15. 大庆萨尔图,胜利孤岛,新疆,新疆,胜利孤岛,新疆;

16. 干气,湿气;

17. 分散型,气藏气,气顶气,凝析气;

18. 干气;

19. 与石油共存于油气藏中、呈游离气顶状态聚集的天然气,高,湿气;

20. 甲烷,湿气;

21. 凝析气,凝析油;

22. 溶解气,固态气水合物;

23. 溶解于石油或地下水中的天然气;

24. 煤层或煤系地层中所含吸附或游离状态的天然气;

25. 冰冻甲烷,可燃冰,高压,低温,甲烷;

26. 高压,低温;

27. 大于1,越强;

28. $CaCl_2$,$NaHCO_3$,Na_2SO_4,$MgCl_2$,$CaCl_2$,$NaHCO_3$;

29. 沉积水,渗入水;

30. 上层水,夹层水,下层水,边水,底水;

31. 无机成因说,有机成因说,无机成因,无机物,有机成因,有机质;

32. 油气分布与岩石类型、纵向(时代)分布、原油的成分特征、微量元素特征、生物标志化合物、油层温度特征、形成时间、近代沉积物中观察结果等;

33. 有机成因;

34. 类脂化合物,类脂化合物;

35. 干酪根,可溶有机质;

36. 分散状;

37. 泥质岩;

38. 越少;

39. 腐泥型,腐殖型,腐泥型,腐殖型;

40. 高分子聚合物,C、H、O、S和N;

41. 含类脂,直链,藻类和水生低等微体生物,大;

42. H/C,O/C,高(或介于1.25~1.75);

43. 长期、持续稳定下沉的盆地;

44. 浅海区,浅海,深湖—半深湖相;

45. 温度,时间,热力,温度,反应时间;

46. 有机质开始大量转化为石油时的温度,低,高;

47. 黏土矿物；
48. 细菌作用，温度与时间作用，压力作用，催化剂作用；
49. 生物化学生气阶段，热催化生油气阶段，热裂解生凝析气阶段，深部高温生气阶段；
50. 生物化学生气阶段生成的、以甲烷为主的天然气；
51. 在热催化作用下，有机质能够大量转化为石油和湿气的生油时期；
52. 生物化学气，煤型气，油型气，无机成因气，有机成因气；
53. 色暗，粒细，富含有机质和微体生物化石；
54. 黏土岩类烃源岩，碳酸盐岩类烃源岩；
55. 半深湖相，深湖相；
56. 丰度，类型，成熟度；
57. 镜质组反射率，干酪根的元素组成，正构烷烃分布特征，奇偶优势比；
58. $>2\%$，热裂解。

2.5 简答、图示分析及讨论题

1. 答：生物标志化合物指来源于生物体，基本保持了原始组分的碳骨架，记载了原始生油母质特殊分子结构信息的有机化合物，也称为分子化石。

常见类型：异戊间二烯型烷烃中的植烷、姥鲛烷、四环甾烷和五环萜烷、卟啉化合物等。

地质意义：生物标志化合物是油源对比的标志，也是油气有机成因的标志。

2. 答：原油的相对密度是指 1 atm 下，20 ℃单位体积脱气原油与 4 ℃同体积纯水的质量之比，用 d_4^{20} 表示。

API°是美国石油学会（简称 API）制定的用以表示石油及石油产品密度的一种量度，其标准温度为 15.6 ℃（60 ℉）。

二者的关系：$API° = \frac{141.5}{d_4^{60\ ℉}} - 131.5$。API°愈大，相对密度愈小。

3. 答：气藏气是纯气藏中的天然气，CH_4含量高，一般大于 95%，重烃气（C_2^+）少，为干气。

4. 答：根据气体在地下存在的状态分为聚集型和分散型两类，聚集型包括气藏气、气顶气、凝析气；分散型包括溶解气、煤层气、固态气水合物等。

5. 答：油田水的化学组成：无机组成有 Na^+、K^+、Ca^{2+}、Mg^{2+} 等阳离子和 Cl^-、SO_4^{2-}、HCO_3^-、CO_3^{2-} 等阴离子，还含有碘、溴、硼、锶、铵、钡等几十种微量元素；有机组成包括烃类、酚和有机酸等。

油田水的产状类型：边水、底水；苏林分类：以 $CaCl_2$ 型为主，次为 $NaHCO_3$ 型，Na_2SO_4 型和 $MgCl_2$ 型比较罕见。

6. 答：石油的溶解性：难溶于水，可溶于烃气，选择性溶解于多种有机溶剂，如苯、氯仿、二硫化碳、四氯化碳。对于碳数相同的非烃、芳香烃、环烷烃及烷烃等成分，在水中的溶解度依次变小。

地质意义：鉴定岩石的含油气性，认识石油初次运移时的相态。

7. 答：石油及其大部分产品，无论其本身或溶于有机溶剂中，在紫外线照射下能产生荧光的特性，称为石油的荧光性。

作用：在油气勘探工作中，利用荧光分析来鉴定岩样的含油性，并可粗略确定其组分和含量。

8. 答：天然气的烃类组成主要是 C_1～C_4 的气态烃，其中以甲烷为主，含量一般大于70%，2个碳数以上的重烃气（常用 C_2^+ 表示）较少。

非烃类天然气的存在说明存在无机成因气藏。

9. 答：(1) 已经发现的油气田99.9%分布于沉积岩中；(2) 在地质时代上的分布不均衡，与沉积岩中有机质的分布状况相吻合；(3) 石油的化学组成与有机质的化学组成十分相似；(4) 石油含卟啉化合物等生物标志化合物；(5) 含有某些稀有金属；(6) 油层的低温特征（石油是在低温条件下生成的）；(7) 在近代沉积物中确实存在着油气生成的过程。

10. 答：形成过程：来源于生物体的有机质，在地表条件下不稳定，大部分会化学分解或细菌分解为气态或水溶成分而逸散，有些会被生物吞食，仅有部分有机质在一定的条件下随沉积物一起被埋藏而得以保存并形成沉积有机质。

影响因素：水体中有机物的产率、类型、沉积环境（包括沉积水体的氧化还原环境、水体的深度）、沉积物颗粒大小（岩石类型）、沉积速率等。

11. 答：干酪根指沉积岩中所有不溶于碱、非氧化性的酸和非极性有机溶剂的分散有机质。

干酪根的特征：一种高分子聚合物，没有固定的化学成分、分子式和结构模型，含脂肪族化合物多，环状化合物占优势；元素组成主要为C、H、O、S和N，C、H、O是干酪根的主要成分。

类型：根据干酪根样品的C、H、O元素的分析结果，可以将干酪根大致划分为Ⅰ型干酪根、Ⅱ型干酪根和Ⅲ型干酪根三种类型。

12. 答：地质条件：(1) 大地构造条件；(2) 岩相古地理条件；(3) 古气候条件。

理化条件：(1) 细菌活动；(2) 热力作用；(3) 催化作用；(4) 放射性作用。

13. 答：生物化学生气阶段，产物为生物化学气、干酪根、未熟—低熟油；
热催化生油气阶段，产物为液态油、石油伴生气（湿气）；
热裂解生凝析气阶段，产物为凝析气；
深部高温生气阶段，产物为甲烷气、沥青等。

14. 答：依据H/C、O/C原子比，利用干酪根类型范氏图确定干酪根的类型。

15. 答：评价方法有：(1) 镜质体反射率（R_o）。一般 $R_o<0.5\%$，有机质未成熟；$R_o=0.5\%\sim1.3\%$，有机质成熟；$R_o=1.3\%\sim2\%$，有机质高成熟；$R_0>2\%$ 有机质过成熟。(2) 热变指数（TAI）。成熟度越高，颜色越深。(3) 干酪根的元素组成。(4) 正烷烃分布特征和奇偶优势比。正烷烃分布曲线显示主峰碳碳数小、曲线平滑、尖峰特征明显，代表成熟度高。

16. 答：评价有机质丰度的指标主要包括有机碳含量（TOC）、氯仿沥青"A"含量、总烃含量（HC）、岩石热解参数（S_1+S_2）等。

17. 答：依据烃源岩中所含有的有机质丰度、类型、成熟度、排烃效率等进行评价。

18. 答：干酪根类型、埋藏时间（时代）、地温梯度影响门限温度和门限深度。

温度与时间是石油生成和破坏过程中的一对互为补偿的重要因素，低温长时、高温短时都可以使干酪根成熟。

19. 答：随着沉积有机质埋藏深度加大，地温相应升高，生成烃类的数量应该有规律地按指数增长。在不同地区、不同层系，由于地温梯度、埋藏时间等地质条件的差异，成熟温度及响应的门限深度会有所区别。时代较老的烃源岩层，门限温度较低；时代较新的烃源岩层，门限温度较高。时代相同、地温梯度高的地区，其门限深度浅。

20. 答：油田水中环烷酸等有机组分含量较高，含甲烷、重烃气体，是找油的重要标志，微量元素组合可作为含油性的间接标志。

21. 答：有机成因说包括有机早期成因说和有机晚期成因说，有机晚期成因说的内容包含有机质的类型、地质和理化条件、生烃过程。

对勘探与开发的指导意义体现在：(1) 勘探潜力；(2) 范围（源控）；(2) 勘探目的层系；(3) 深度或领域；(4) 油气的类型。

22. 答：无机成因说：未来的勘探方向和领域包括基岩、板块边界、地盾和热点有关的断裂带等。

有机成因说：未来的勘探方向和领域包括深层—超深层、海洋深水、油气页岩油气等非常规能源。

2.6　案例分析

1. 案例 1

① 孤岛油田渤 35、渤 6、渤 101 井为纯气藏、干气，中 19-6、渤 2 井为气顶气、湿气。

② 气藏气的甲烷含量高、重烃含量低；气顶气的重烃含量高。

③ 明化镇组为 Na_2SO_4 型水，馆陶组、东营组为 $NaHCO_3$ 型水，沙河街组为 $CaCl_2$ 型水。

④ 油田水的主要类型为 $CaCl_2$ 型，次为 $NaHCO_3$ 型。沙三段（$CaCl_2$ 型水）封闭性好、还原环境，有利于油气藏保存。

2. 案例 2

① 按苏林分类法，长 6 段地层水水型主要为 $CaCl_2$ 型，部分为 $NaHCO_3$ 和 $MgCl_2$ 型（图 2-3）。

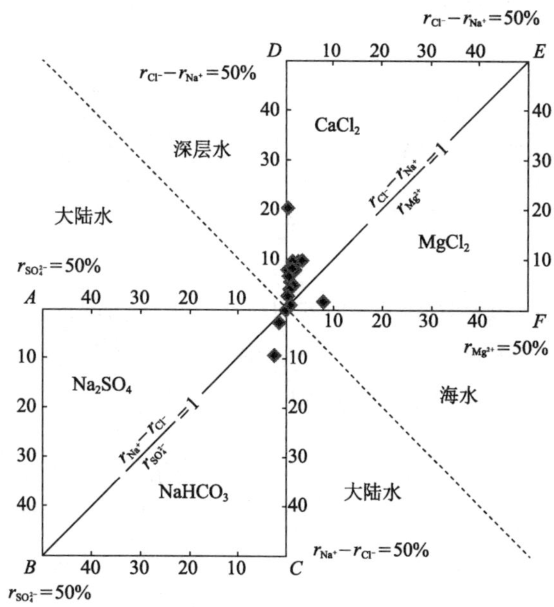

图 2-3　研究区长 6 段地层水苏林成因分类

② 地层水 pH 值介于 5.67～11.55，平均为 7.60，总体呈弱酸—弱碱性。长 6 段地层水总矿化度为 10 993.86～58 834.73 mg/L，平均为 26 279.42 mg/L，明显高于地表水(100 mg/L)，小于或与海水总矿化度相近(35 000 mg/L)。

$CaCl_2$ 型地层水分布区代表了水动力停滞区，有利于油气的聚集成藏，而一般过渡性构造条件下可能出现 $NaHCO_3$ 或 $MgCl_2$ 型地层水。长 6 段地层水水型特征表明研究区为区域性的油气藏有利富集区；地层水总矿化度整体较高，反映了其处于相对封闭和缺氧的环境，有利于油气藏的保存。

3. 案例 3

① 凝析气层；组成以 CH_4 为主，重烃含量高；地表为液态，地下为气态。

② 水型：$NaHCO_3$ 型。

4. 案例 4

① 有机质丰度。

辽中凹陷东二段总有机碳集中分布在 0.26%～1.26%之间，东三段总有机碳集中分布在 0.85%～2.1%之间。根据中国陆相烃源岩有机质丰度评价标准(表 2-8)可知，东二段烃源岩主要为差烃源岩，部分层位存在好烃源岩(图 2-4)，东三段主要是好烃源岩以及最好烃源岩。总体评价为东三段有机质丰度比东二段好(图 2-5)。

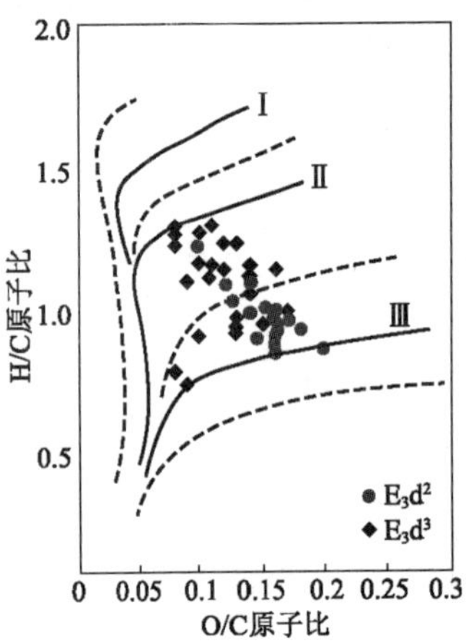

图 2-4　JZ16-4-2 井有机质类型分析图

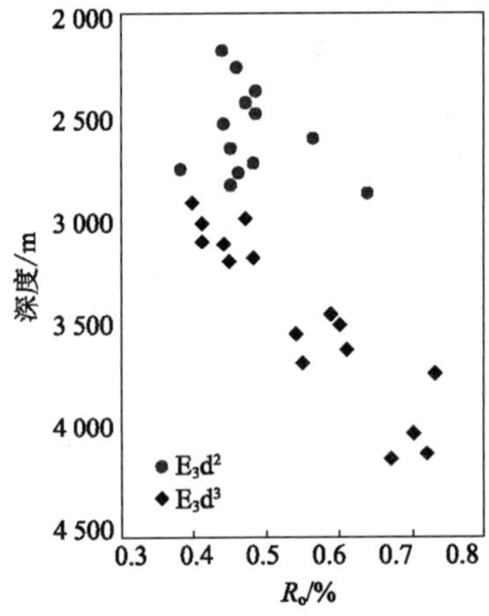

图 2-5　JZ16-4-2 井烃源岩 R_o 随深度变化图

② 有机质类型。

辽中凹陷有机质类型的划分依靠氢指数和氧指数彼此之间的关系来进行。从图 2-4 可知辽中凹陷东二段有机质类型主要为Ⅲ型和Ⅱ型，东三段有机质类型主要为Ⅱ型。总体来看，东三段有机质类型比东二段要好，生油潜能高。

③ 有机质成熟度。

根据镜质体反射率和深度的相互关系得出，东二段 R_o 一般小于 0.5%，为未成熟阶段。东三段随着深度的增加 R_o 增加，3 300 m 进入成熟阶段，如图 2-5 所示。

第 3 章　油气的储集层与盖层

3.1　名词解释

1. 储集层

2. 孔隙度

3. 有效孔隙度

4. 渗透性

5. 有效渗透率

6. 绝对渗透率

7. 孔隙结构

8. 排替压力

9. 盖层

10. 区域性盖层

3.2　选择题(有一个或多个正确答案)

1. 储集岩的基本特性有(　　)。
   A. 孔隙性　B. 渗透性　C. 粒度粗　D. 埋藏浅
2. 根据孔隙的大小及其对流体作用的不同,将孔隙分为(　　)。
   A. 超毛细管孔隙　B. 毛细管孔隙　C. 微毛细管孔隙　D. 原生孔隙
3. 有效孔隙度与总孔隙度之比(　　)。
   A. 小于 1　B. 大于 1　C. 小于 2.0　D. 大于 0.8

4. 储集层中油、气、水三相共存时，气的相对渗透率是何种情形？（　　）

A. 等于石油的有效渗透率　　B. 大于油的相对渗透率

C. 小于水的相对渗透率　　D. 小于 1

5. 储集层中油、气、水三相共存时，水的相对渗透率是何种情形？（　　）

A. 等于石油的有效渗透率　　B. 大于气的相对渗透率

C. 小于油的相对渗透率　　D. 小于 1

6. 储集层的绝对渗透率与流体黏度成（　　）关系。

A. 反比　　B. 正比

C. 无关　　D. 以上都不对

7. 当储集层中存在油、水两相时，若油的相对渗透率为 0，说明储集层中含油饱和度（　　）。

A. 为 0　　B. 小于临界含油饱和度

C. 为 30％　　D. 为 50％

8. 孔隙度与渗透率之间的关系（　　）。

A. 碎屑岩储集层(孔隙型)，一般有效孔隙度与渗透率成正相关关系

B. 孔隙发育的颗粒灰岩、晶粒白云岩等，与碎屑岩相似

C. 裂缝发育的泥岩、致密石灰岩储集层的孔隙度低，渗透率高

D. 溶孔、裂缝为主的岩浆岩类储集层，裂缝的影响较大，相关性差

9. 碎屑岩储集层类型包括（　　）。

A. 砾岩　　B. 粗砂岩　　C. 粉砂岩　　D. 礁灰岩

10. 碎屑岩的原生孔隙包括（　　）。

A. 粒间孔隙　　B. 粒内孔隙　　C. 溶蚀孔隙　　D. 裂缝

11. 碎屑岩储集层的喉道类型有（　　）。

A. 喉道是孔隙的缩小部分　　B. 喉道是可变断面的收缩部分

C. 片状或弯片状喉道　　D. 管束状喉道

12. 用压汞法研究储集层孔隙结构时，排替压力越大，储集层（　　）。

A. 物性越好　　B. 平均孔隙度越大

C. 孔隙结构越好　　D. 孔隙结构越差

13. 储集层毛细管压力曲线中饱和中值压力越大，其平均孔隙度（　　）。

A. 越大　　B. 越小　　C. 没有关系　　D. 为 50％

14. 在储集层毛细管压力曲线上，饱和度中值压力越大，该储集层中原油的饱和度（　　）。

A. 越大　　B. 越小　　C. 二者无关系　　D. 为 50％

15. 孔喉的分选性代表孔喉大小分布的均一程度，岩石的分选性越（　　），岩石的孔隙结构越均匀，毛细管压力曲线平台就越（　　）；分选差则曲线呈斜线。

A. 好，长　　B. 差，长　　C. 好，短　　D. 差，短

16. 图 3-1 中反映储集层的孔渗性能最好的毛细管压力曲线为（　　），曲线（　　）代表孔隙喉道的分选性最差，反映储集层的排替压力(p_d)最小的毛细管压力曲线为（　　）。

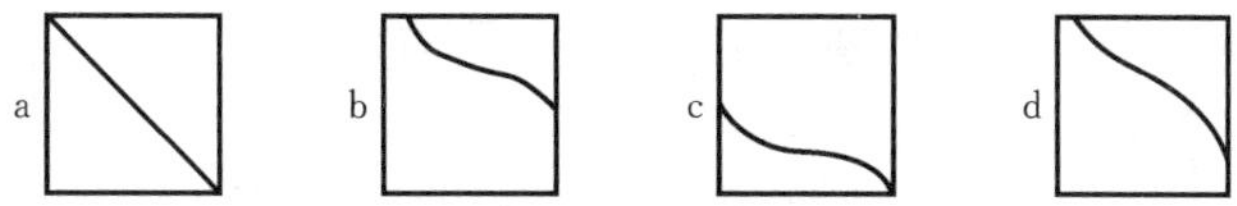

图 3-1　不同类型的毛细管压力曲线

A. a,b,c　　B. c,a,c　　C. d,a,c　　D. c,a,b

17. 图 3-2 为两个样品铸体薄片的镜下单偏光图像,孔隙类型包括(　　)。

A. 左图为原生孔隙、右图为次生孔隙

B. 左图为次生孔隙、右图为原生孔隙

C. 左图为粒间孔隙、右图为粒内溶蚀孔隙

D. 左图为原生粒间孔隙、右图为粒间溶蚀孔隙

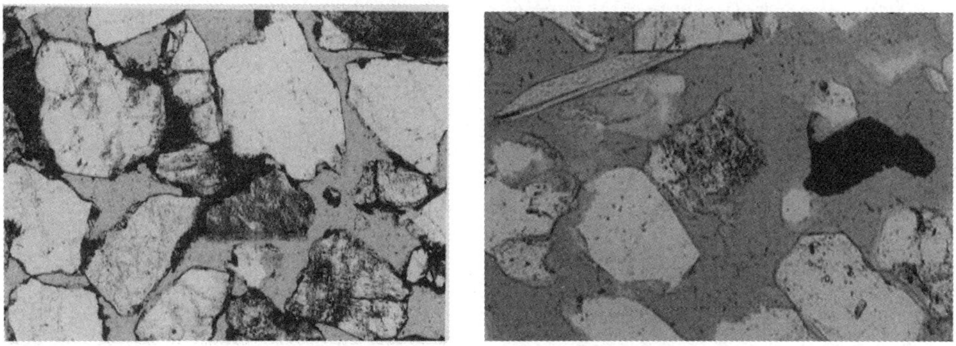
图 3-2　铸体薄片的镜下特征(单偏光)

18. 岩石结构对储集层物性的影响具有以下特点。(　　)

A. 粒度越大,φ、K 越大　　B. 粒度一定时,分选越好,物性越好

C. 分选一定时,K 与粒度中值成正比　　D. 分选越好,物性越好

19. 储集层成岩后生变化中,哪种成岩作用类型会改善储集层的物性?(　　)

A. 压实作用　　B. 胶结作用　　C. 溶蚀作用　　D. 构造裂缝

20. 胶结作用通常使碎屑岩物性发生何种变化?(　　)

A. 孔隙度增加　　B. 孔隙度减小　　C. 没有变化　　D. 渗透率变大

21. 一般,哪种胶结方式的碎屑岩储集层孔隙结构相对最差?(　　)

A. 基底式胶结　　B. 孔隙式胶结　　C. 薄膜式胶结　　D. 接触式胶结

22. 储集层成岩后生变化中,发生欠压实时,会出现以下哪种情况?(　　)

A. 地层压力大于正常压实时的地层压力

B. 地层压力等于正常压实时的地层压力

C. 地层压力小于正常压实时的地层压力

D. 孔隙度较正常压实时小

23. 碳酸盐岩储集层的岩石类型包括(　　)。

A. 内碎屑灰岩　　B. 生物灰岩　　C. 鲕粒灰岩　　D. 次生白云岩

24. 下列给出的类型中,(　　)不属于碎屑岩的储集空间。

A. 粒间溶蚀孔隙　　B. 鸟眼孔隙　　C. 裂缝　　D. 生物骨架孔隙

25. 碳酸盐岩储集层的原生孔隙包括(　　)。

A. 生物体腔孔隙　B. 生物骨架孔隙　C. 粒间孔隙　D. 构造裂缝

26. 溶解作用通常使石灰岩物性发生何种变化？(　　)

A. 孔隙度增加　B. 孔隙度减小　C. 没有变化　D. 渗透率变小

27. 白云岩化作用通常使石灰岩物性发生何种变化？(　　)

A. 孔隙度增加　B. 孔隙度减小　C. 没有变化　D. 渗透率变小

28. 影响碳酸盐岩储集层储集空间发育的地质因素有(　　)。

A. 白云岩化作用有利于孔隙形成

B. 溶解作用有利于次生孔隙形成

C. 高压异常有利于原生孔隙的保存

D. 沉积环境与原生孔隙的发育没有关系

29. 喷出岩类储层的储集空间主要包括(　　)。

A. 气孔　B. 砾间孔　C. 原生粒间孔隙　D. 溶蚀孔隙

30. 变质岩储集层的储集空间主要包括(　　)。

A. 气孔　B. 构造裂缝　C. 原生粒间孔隙　D. 溶蚀孔隙

31. 泥页岩储集层的储集空间主要包括(　　)。

A. 节理缝　B. 砾间孔　C. 原生粒间孔隙　D. 溶蚀孔隙

32. 下面有关盖层的叙述哪个最有道理？(　　)

A. 泥质岩总是盖层

B. 碳酸盐岩不可能成为盖层

C. 碎屑岩不可能成为盖层

D. 足够厚的泥质岩层多数情形下是盖层，但有些情况下不能成为盖层

33. 盖层的岩石类型主要有(　　)。

A. 泥岩　B. 砂岩　C. 致密灰岩　D. 蒸发岩

34. 盖层的主要特征有(　　)。

A. 细粒、致密　B. 孔渗性差　C. 排替压力低　D. 分布稳定

3.3 判断题(对者打√，错者打×)

1. 储集层之所以能够储集和渗滤油气是因为具有孔隙性和渗透性。(　　)

2. 任何一种流体的有效渗透率都小于该岩石的绝对渗透率。(　　)

3. 有效渗透率随该相在岩石孔隙中的含量增加而增加，该相流体的相对含量达到100%时，该相流体的有效渗透率等于岩石的绝对渗透率。(　　)

4. 有效孔隙度越大，有效渗透率也越高。(　　)

5. 在有效孔隙度相同的条件下，储层孔径大、喉道粗、孔隙形状简单者渗透率高。(　　)

6. 最大连通孔喉半径是指对应于排替压力的孔隙喉道半径。(　　)

7. 储集层的毛细管压力曲线中，排替压力越大，储集层物性一般越差。(　　)

8. 岩样的排替压力越大，其最大孔喉半径越大；反之，岩样的排替压力越小，其最大孔喉半径越小。(　　)

9. 在储集岩中，孔喉分布呈粗歪度、分选好，一般对应的储集性好。(　　)

10. 石英砂岩的储油物性一定比长石砂岩的储油物性好。　（　　）

11. 渗透率的大小与层理构造的类型没有关系，垂向渗透率大于水平渗透率。　（　　）

12. 对于碳酸盐岩储集层，方解石全部被白云石交代时，晶间孔最发育、孔渗性最好。　（　　）

13. 对于碳酸盐岩储集层，原生孔隙越发育越易形成次生孔隙。　（　　）

14. 碎屑岩和碳酸盐岩的储集空间类型有差异，生物骨架孔隙和鸟眼孔隙是碳酸盐岩特有的。　（　　）

15. 局部性盖层只对某一地区局部的油气聚集起控制作用。　（　　）

16. 物性封闭是依靠盖层毛细管压力封堵油气，使其不能向上运移，即排替压力高。　（　　）

17. 气藏比油藏对盖层的要求更严格。　（　　）

18. 富含有机质的暗色泥岩，在生成大量油气并排出油气之后，亦可成为排替压力高、渗透性差的良好盖层。　（　　）

3.4　填空题

1. 储集层能够储集和产出油气，其原因在于具备________和________两个基本特性。________、________的好坏通常用________和________表示。

2. 根据岩石中的孔隙大小及其对流体作用的不同，将孔隙划分为三种类型：________、________、________。

3. 毛细管孔隙是指孔隙直径________mm，特征________。

4. 孔隙度分为________和________两类，有效孔隙度（率）是指________（有效孔隙体积）与储集层岩石体积之比。

5. 在一定压差下，岩石________其连通孔隙的性质称为岩石的渗透性。岩石渗透性的好坏是以渗透率的大小来表示的。渗透率包括________、________和________。

6. 随着岩石孔隙中某相流体饱和度的增加，有效渗透率________、相对渗透率________，直到全部为该相流体所饱和，其________等于绝对渗透率，相对渗透率则等于________。

7. 碎屑岩储集层储集空间主要为________；碳酸盐岩储集层储集空间类型多、变化大，发育大量的________和________，孔隙度与渗透率之间的相关性________。

8. 岩石中未被颗粒、胶结物或杂基充填的空间称为岩石的________，又可分为________和________。一般可以将岩石颗粒包围着的较大空间称为________，在两个颗粒间连通的狭窄部分称为________。

9. 碎屑岩储集空间按形态分为________、________、________三大类，按孔隙的成因分为________孔隙和________孔隙两大类。

10. 碎屑岩储集层原生孔隙主要包括________、________，其中以________为主；次生孔隙包括________等，广义的次生孔隙还包括裂缝（如________、成岩裂缝）、溶洞等。

11. 孔隙结构是指________；孔隙喉道的大小及形态主要取决于颗粒的________和胶结类型以及砂岩颗粒本身的形状、大小、圆度等。

12. 砂岩的孔隙喉道类型有________

________________________________。

13. 根据毛细管压力曲线可以求得____________________、____________________、毛细管中值压力(p_{c50})、孔隙喉道中值半径(r_{50})、________________________($S_{min}\%$)等参数。

14. 排替压力是__________流体开始大量注入岩样中驱替__________相流体时的压力，指__________________________________所对应的毛细管压力。

15. 孔隙喉道的频率分布直方图、频率分布曲线可以反映孔喉的大小和分布，孔喉半径越______，分布越______，说明岩石孔隙结构越好。

16. 歪度指孔喉分布中以粗孔喉为主还是以细孔喉为主，偏于粗孔喉的称______歪度，反之为__________歪度。在储集岩中__________歪度储集性好。

17. 孔喉的分选性是表明孔喉大小分布的均一程度，岩石的分选性越____，岩石的孔隙结构越均匀，毛细管压力曲线平台就越________；分选差则呈斜线。

18. 影响碎屑岩储集层储集物性的沉积环境因素有：__________________、__________________、__________________、__________________等。

19. 碎屑岩储集层的储集性质好坏主要取决于__________、____________、____________等因素的影响。

20. 石英和长石的含量多少对储集性质的影响最显著，一般来讲，______砂岩比______砂岩的储油物性好；颗粒的分选程度愈好，孔隙度和渗透率也愈______；杂基含量多的砂体，孔渗性较________。

21. 层面构造、层理类型及发育程度等影响碎屑岩储集层物性，具水平层理的细砂岩的渗透性具明显的方向性，______层面方向的渗透率较大，______层面方向的渗透率较小；具斜层理的砂岩，______斜层理倾向方向的渗透率最大，______斜层理倾向方向的渗透率最小。

22. 成岩作用对砂体孔渗性有较大的影响，导致孔渗性能降低的成岩作用主要为____________、__________，改善岩石储集性能的成岩作用主要为________________。

23. 一般来讲，中晚成岩期次生孔隙发育，物性____________；早成岩期原生孔隙发育，物性______________。

24. 图 3-3 中的孔隙喉道的类型为：a__________，c____________。如果用压汞曲线来反映 a 和 c 样品的孔隙结构特征，两个样品的毛细管压力曲线的差异性__________；a 和 c 样品的毛细管压力曲线可能分别对应于图 3-4 中的__________和__________。

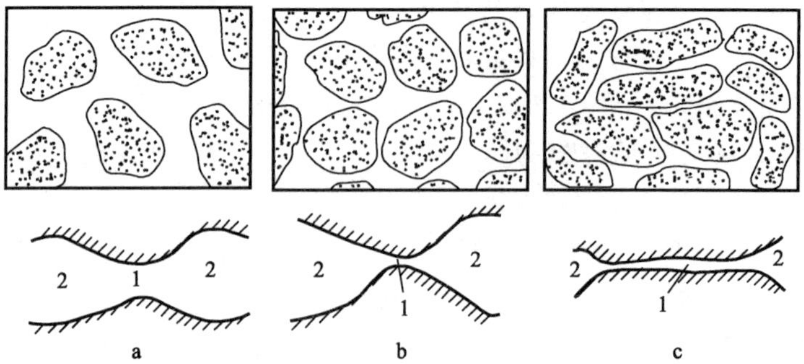

图 3-3 喉道的类型

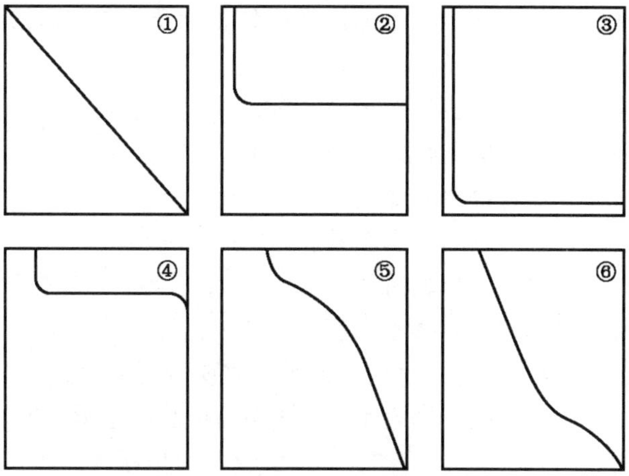

图 3-4 毛细管压力曲线

25. 请指出图 3-5 中可能的孔隙结构类型及其特点______________。

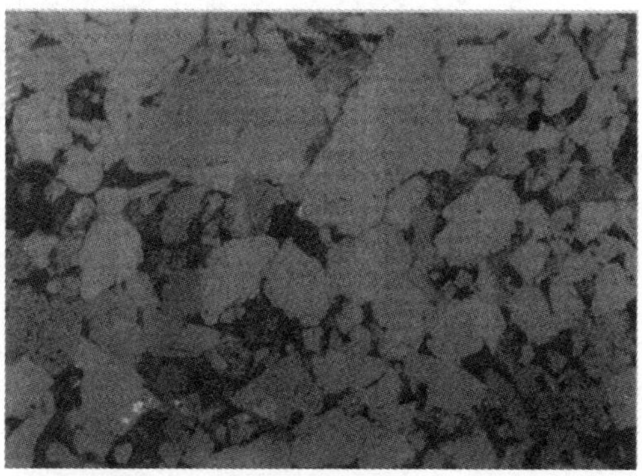

图 3-5 镜下孔隙结构特征(单偏光)

26. 碳酸盐岩储集层与砂岩储集层比较,前者储集空间类型____,影响因素多,次生变化大。碳酸盐岩储集层的孔隙成因复杂,__________孔隙占有十分重要的地位,储集层非均质性______,孔隙度与渗透率之间的关系变化______。

27. 火成岩的储集空间包括______和______两种类型,根据成因划分为________孔隙和______孔隙。原生孔隙有______、晶间孔,次生孔隙包括______________等。

28. 按照岩性,盖层划分为______________、______________及其他岩类盖层。依据分布范围,盖层划分为______________、______________。

29. 盖层的封闭机理有______________、______________、______________。

30. 盖层封闭油气最普遍的机理是______________,排替压力差会产生盖层对储集层中油气的封闭作用,这种机制也称为______________。对油有效的盖层,对气______有效。

31. 盖层指位于储集层之上,能够阻止油气向上逸散的______________。

3.5 简答、图示分析及讨论题

1. 简述孔隙度与渗透率之间的关系。

2. 简述岩石中油、水两相共存时，含油饱和度的变化及其与相对渗透率的关系。

3. 简述砂岩的主要孔隙类型及其成因。

4. 如何利用压汞曲线评价碎屑岩储集层孔隙结构？

5. 简述影响碎屑岩储集层储集性能的地质因素。

6. 简述碳酸盐岩储集层与碎屑岩储集层的差异性。

7. 裂缝性储集层与构造部位有没有关系？

8. 简述岩浆岩与泥页岩储集层的特征。

9. 盖层的主要特征有哪些？有哪些类型？

10. 简述储集层、盖层特征的差异性，并列举其主要岩石类型。

11. 图示，用毛细管压力曲线分别表示：① 未分选；② 分选好，粗歪度；③ 分选好，细歪度；④ 分选差，略粗歪度。

12. 根据图 3-6，分析相对渗透率的影响因素。

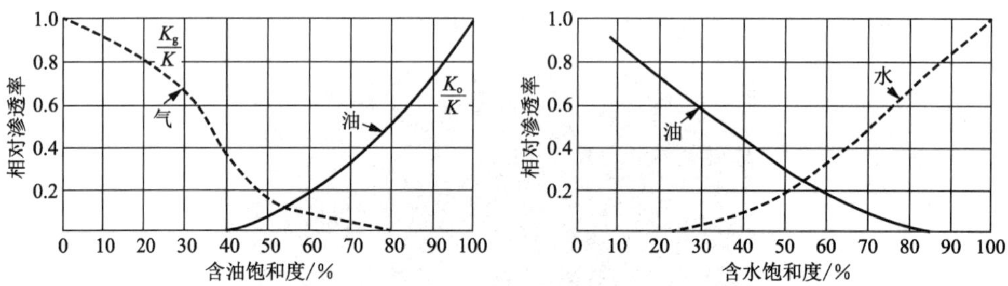

图 3-6　相对渗透率与流体饱和度关系曲线

13. 根据图 3-7，分析碎屑岩渗透率与孔隙度的关系。

14. 根据图 3-8，分析碎屑岩渗透率与孔隙度的关系。

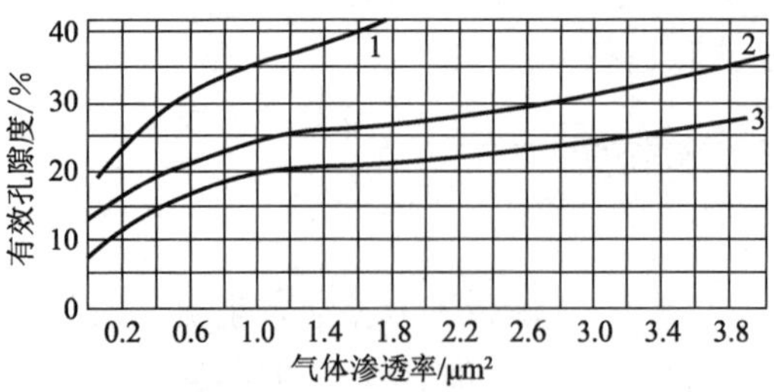

图 3-7　有效孔隙度与渗透率关系曲线

1—粉砂岩；2—细砂岩；3—粗—中粒砂岩

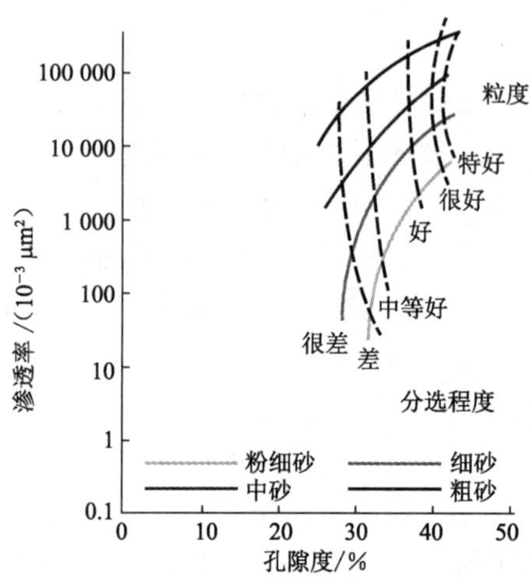

图 3-8　粒度、分选对孔隙度和渗透率的影响

15. 讨论为什么在有效孔隙度相同的条件下，不同岩石类型的渗透率差异大。

16. 讨论储集层与盖层的评价标准受哪些因素影响，以及其对油气勘探和开发的作用。

3.6　案例分析

1. 案例1:利用铸体薄片资料分析孔隙类型

岩石铸体薄片是研究岩石中真实孔隙类型、大小、含量、分布的一种重要方法。其基本原理是将染色树脂或液态胶(国际上通用为蓝色,我国使用颜色多有蓝色、红色,也有绿色)在真空下灌注到岩石的孔隙中,在一定的温度和压力下使树脂或液态胶固结,然后磨制成岩石薄片,进而在偏光显微镜下观察孔隙和喉道的类型、大小、连通性及其相互关系等。

(1) 资料。

塔里木盆地某区块三叠系代表性碎屑岩储集层样品的铸体薄片镜下照片(图3-9)。

(2) 要求。

分析各样品的孔隙类型。

(a) L9井,4 694.67 m,100倍,单偏光

(b) L9井,4 694.85 m,100倍,单偏光

(c) L7-15井,4 976.33 m,100倍,单偏光

(d) L7-15井,4 976.34 m,100倍,单偏光

图3-9　微观照片

2. 案例2:利用毛细管压力曲线研究孔隙结构

储集层孔隙结构是指岩石所具有的孔隙和喉道的几何形状、大小、分布及其连通关系。通过压汞实验,可以获得一系列互相对应的毛细管压力及饱和度数据。用纵坐标表示毛细管压力(p_c),横坐标表示润湿相或非润湿相流体饱和度,作毛细管压力与饱和度关系曲线,即毛细管压力曲线。

(1) 资料。

塔里木盆地LN2-A井代表性碎屑岩储集层的物性及毛细管压力曲线资料(表3-1、图3-10)。

A样品的岩石类型为分流河道微相含砾粗砂岩,储集空间以原生粒间孔和改造粒间孔为主，次为粒间溶孔，面孔率>10%。

B样品的岩石类型为粉砂岩，填隙物含量相对较高，孔隙以粒间溶孔为主，储集层物性差。

(2) 要求。

读出或计算出各种孔隙结构参数，分析毛细管压力曲线特征。

表 3-1　LN2-A 井碎屑岩储集层物性及孔隙结构特征统计表

样　品	孔隙度/%	渗透率/mD	p_d/MPa	p_{c50}/MPa	R_d/μm	r_{50}/μm	S_{max}/%	S_w/%	退汞效率/%	孔喉比/%	评价
A	17.8	1 100									
B	12.1	10.3									

注：1 mD≈1.0×10^{-3} μm^2。

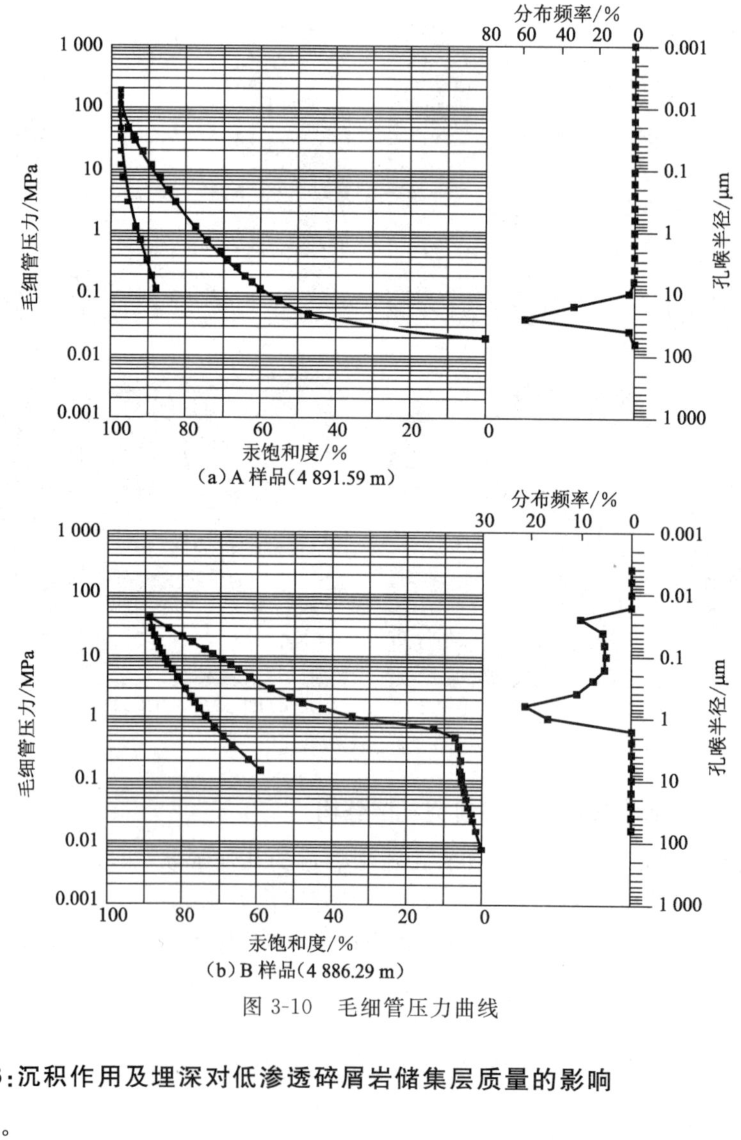

(a) A 样品(4 891.59 m)

(b) B 样品(4 886.29 m)

图 3-10　毛细管压力曲线

3. 案例 3：沉积作用及埋深对低渗透碎屑岩储集层质量的影响

(1) 资料。

研究区位于新疆准噶尔盆地西北缘，目的层系为二叠系风城组，主要发育三种储集体类型，分别是滩坝、扇三角洲前缘、滑塌浊积扇。

图 3-11 为准噶尔盆地某区块二叠系风城组不同储集体、不同深度储集层物性分布图，以及不同岩性、不同深度储集层物性分布图。

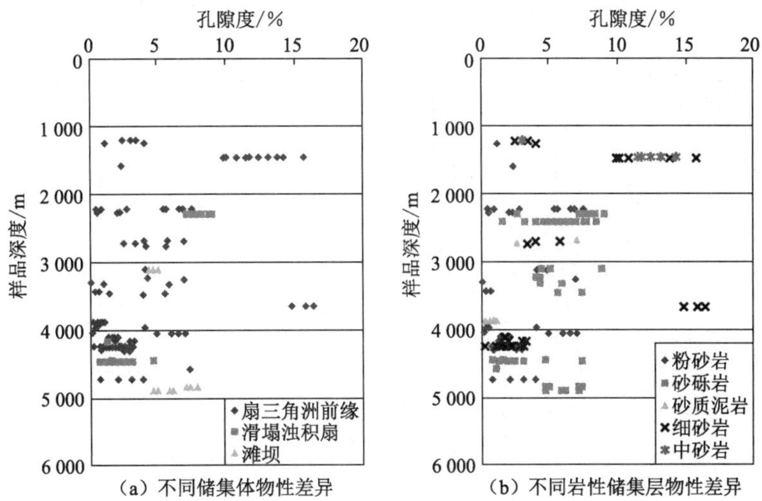

图 3-11　风城组碎屑岩储集层物性特征

表 3-2 为风城组不同储集体岩石学特征及物性参数。

表 3-2　风城组不同储集体岩石学特征及物性参数

储集体类型	岩　性	岩石学特征			埋深/m	物　性		样品数/个
		分　类	磨　圆	接触关系		平均孔隙度/%	平均渗透率/mD	
扇三角洲前缘	粉砂岩、细砂岩	中—差	次圆—次棱角状	线接触、点—线接触	1 193.32～4 720.24	4.4	0.77	124
滑塌浊积扇	(含砾)砂岩	差	次棱角状	线接触	2 285.6～4 454.01	4.1	0.05	23
滩　坝	含砂不等粒砂岩、砂砾岩	中　等	次圆状	线接触	3 096.1～4 886.65	5.9	1	12

(2) 要求。

分析沉积作用对储集层质量的影响。

4. 案例 4：塔北地区三叠系储集层特征综合分析

(1) 资料。

本案例为塔里木盆地塔北地区 L 井三叠系储集层，埋深 4 500～5 000 m。主要资料如下：

表 3-3 为 L 井三叠系取芯井段储集层物性及岩石学特征统计表；

表 3-3 储集层物性及岩石学特征统计表

深度/m	孔隙度/%	渗透率/mD	岩石组成/%											平均粒径/mm	分选系数 σ_1	标准偏差 $SK1$
			石英	钾长石	斜长石	岩浆岩岩屑	变质岩岩屑	沉积岩岩屑	云母	泥质杂基	方解石	高岭石	胶结物含量			
4 560.63	25.43		26	7	2	50	15					2		0.44	1.609	−0.243
4 560.98	25	1916.54	34	10	2	43	11			4	2	2	4	0.28	1.004	0.41
4 561.7	19.26	17.46	29	8	2	45	10		2			2.5	2.5	0.11	1.464	0.387
4 562.48	19.65	34.52	40	8		35	15		2	1	3	7	10	0.15	0.97	0.237
4 563.43	19.98	45.03	38	11		34	15		2			7	7	0.12	1.477	0.577
4 564.57	19.1	5.19	35	11	2	33	12		7	2		10	10	0.21	1.071	0.191
4 565.29	19.83	21.68	37	11	1	37	12		2			7	7	0.11	1.322	0.496
4 566.25	19.21	73.55	32	9	2	42	13		2	3	6	4	10	0.28	0.926	0.347
4 566.82	21.43	160.62	35	9	2	38	10	3			1	4	5	0.17	1.346	0.461
4 567.57	21.72		28	9		46	15			0.5		4	4	0.40	1.538	−0.072
4 707.82	21.01	568.05	37	7	2	40	11		3			6	6	0.21	0.907	0.505
4 708.05	20.05	317.72	28	3	12	52	5			2		2	2	0.22	0.964	0.524
4 709.05	21.86	688.94	34	11	2	45	8					7	7	0.19	1.24	0.653
4 709.99	19.36	127.96	35	9	2	42	12			0.5		3.5	3.5	0.18	0.858	0.419
4 710.39	19.31	115.67	37	8	1	42	10		2	7		6	6	0.19	0.906	0.321
4 711.54	5.52	0.26	44	9		36	9		2	6	21	2	23	0.27	1.046	0.603
4 712.47	23.69	2 672.29	40	9		36	15			1		4	4	0.32	0.715	0.593
4 713.25	21.65	2 385.29	37	7	1	38	17			3		2	2	0.34	1.089	0.419
4 714.16	16.33	36.98	36	12	2	33	15		2		4	7	11	0.18	1.029	0.462
4 715.1	17.87	16.37	42	9	2	38	12		4	2		7	7	0.15	1.071	0.12
4 715.63	18.89	27.2	34	11	2	34	12		4			5	5	0.08	1.514	0.617
4 716.78	18.44	22.91	35	12	3	40	7		3			6	6	0.22	1.038	0.368
4 717.5	20.72	120.41	25	5	10	50	9		1			7	10			
4 717.7	22.2	1153.84	38	13	4	31	12		2	1	4	3	7	0.32	1.001	0.331
4 718.43	17.65	45.27	36	9	3	36	14		2			7	7	0.20	0.964	0.395
4 720.5	19.71	94.37	33	5	12	45	5			1		3	3			

图 3-12 为取芯井段的岩性柱状图；

图 3-13 为代表性铸体薄片的镜下照片，放大倍数一致；

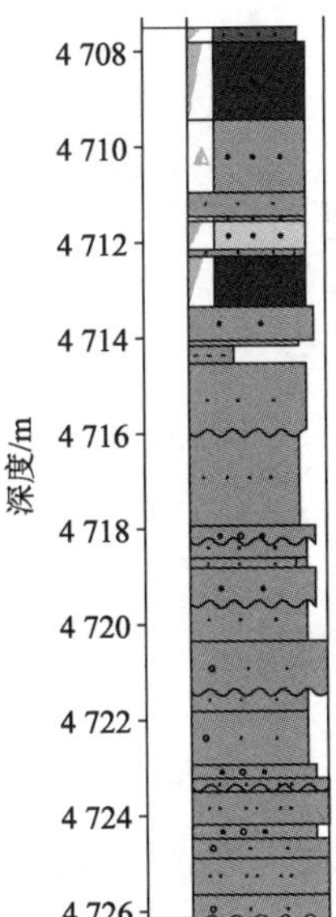

图 3-12　岩性柱状图

(a) 4 709.0 m，褐色油斑中砂岩

(b) 4 709.5 m，褐色含油中砂岩

(c) 4 712.3 m，浅灰色钙质中砂岩

(d) 4 713.3 m，褐色含油中砂岩

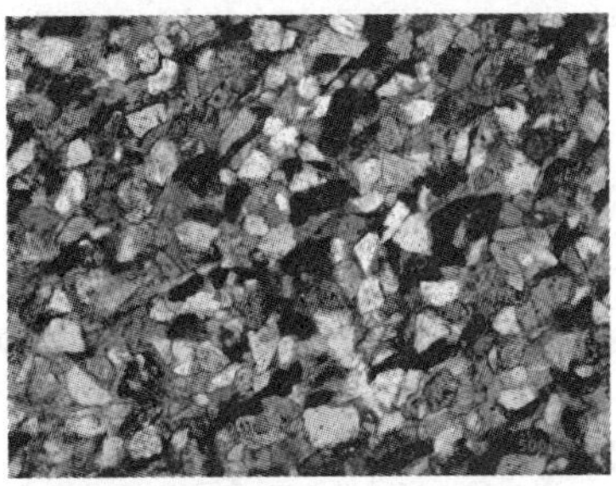

(e) 4 717.1 m，浅灰色细砂岩

(f) 4 720.3 m，灰色中砂岩

(g) 4 725.2 m，浅灰色含砾粗砂岩

图 3-13　微观照片(单偏光)

图 3-14 为代表性样品的毛细管压力曲线。

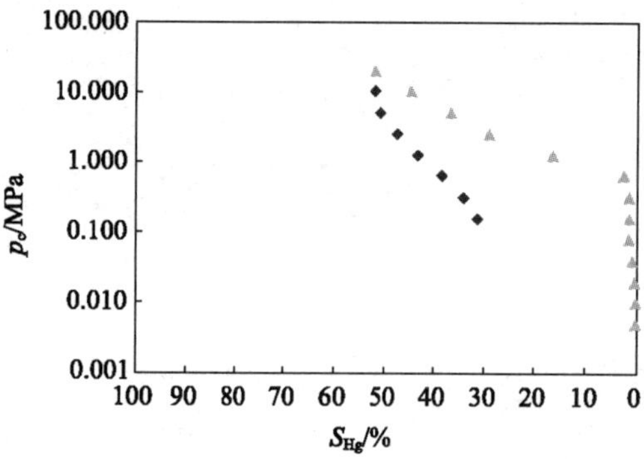

（a）4 712.3 m，孔隙度为5.69%，渗透率为0.45×10^{-3} μm²

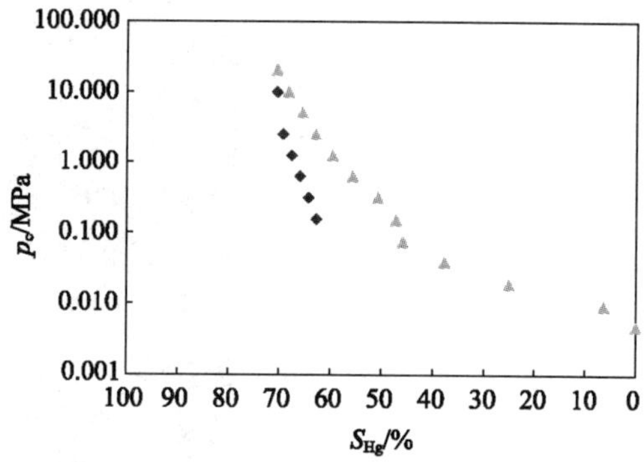

（b）4 717.7 m，孔隙度为21.06%，渗透率为$1\ 319\times10^{-3}$ μm²

图 3-14 岩样毛细管压力曲线

（2）要求。

① 根据薄片资料，分析储集层成岩作用类型及其特征。

② 分析孔隙类型及孔隙结构特征。

③ 利用图版(图 3-15)，估算图 3-13(f)样品的储集层原始孔隙度和渗透率。

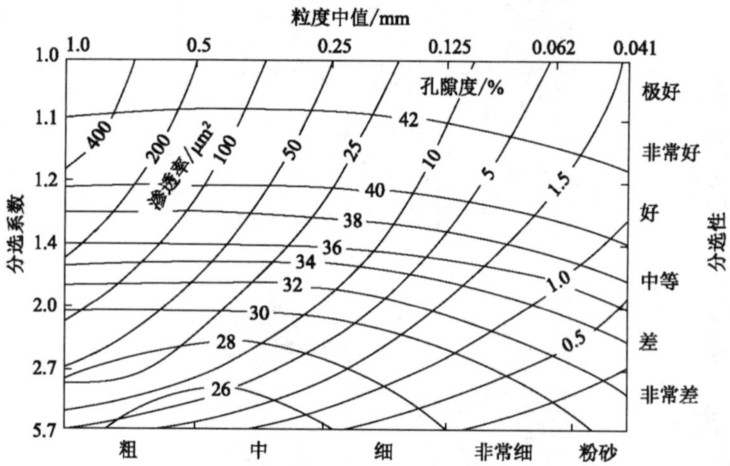

图 3-15 颗粒粒度和分选性与砂体原始孔渗性的关系

图 3-15 综合考虑了颗粒粒度和分选性对岩石孔隙度和渗透率的影响，一般来讲，磨圆度好的砂岩，分选也好，孔隙度也高。对于形状不规则的棱角状颗粒，常发生镶嵌现象，相互填充孔隙空间，使孔隙体积减小，孔隙之间的连通性变差，从而使孔渗性变差。但是，如果颗粒之间不发生相互镶嵌(如在快速堆积而压实作用强度又较低的情况下)，而是颗粒支撑，那么会使岩石的孔渗性变好。快速堆积往往伴随着较差分选，岩石中杂基含量较多，岩石的孔渗性不好。

④ 分析该井储集层物性的主要影响因素。

参考答案

3.1　名词解释

1. 储集层:具有一定储集空间,能够储存和渗滤流体的岩石称为储集岩,能够储存和渗滤流体的岩层叫储集层,或称储层。

2. 孔隙度:储集层孔隙体积与岩石体积之比。

3. 有效孔隙度:参与渗流的、相互连通的孔隙总体积与储层岩石体积之比。

4. 渗透性:在一定压差下,岩石允许流体通过其连通孔隙的性质。

5. 有效渗透率:当岩石中有多相流体通过时,岩石对每一相流体的渗透率,又称相渗透率。

6. 绝对渗透率:单相流体存在的情况下,依据达西定律求得的渗透率。

7. 孔隙结构:岩石所具有的孔隙和喉道的几何形状、大小、分布及其连通关系。

8. 排替压力:非润湿相流体开始大量注入岩样中驱替润湿相流体时的压力。

9. 盖层:位于储集层之上,能够阻止油气向上逸散的非渗透性岩层。

10. 区域性盖层:厚度大、面积大、分布广而稳定的盖层,对整个盆地或者坳陷油气聚集起控制作用。

3.2　选择题

1. AB　2. ABC　3. A　4. D　5. D　6. C　7. B　8. ABCD　9. ABC　10. AB
11. ABCD　12. D　13. B　14. C　15. A　16. B　17. AD　18. BC　19. CD　20. B
21. A　22. A　23. ABCD　24. BD　25. ABC　26. A　27. A　28. ABC　29. ABD
30. BD　31. ACD　32. D　33. ACD　34. ABD

3.3　判断题

1. √　2. √　3. √　4. ×　5. √　6. √　7. √　8. ×　9. √　10. ×　11. ×　12. ×
13. √　14. √　15. √　16. √　17. √　18. √

3.4　填空题

1. 孔隙性,渗透性,孔隙性,渗透性,孔隙度,渗透率;
2. 超毛细管孔隙,毛细管孔隙,微毛细管孔隙;
3. 介于 0.5～0.000 2,当外力克服毛细管阻力时流体才能在其中流动;
4. 总孔隙度,有效孔隙度,参与渗流的、相互连通的孔隙总体积;
5. 允许流体通过,绝对渗透率,有效渗透率,相对渗透率;
6. 增加,增加,有效渗透率,1;
7. 粒间孔隙,溶洞,裂缝,差;

8. 孔隙空间，孔隙，喉道，孔隙，喉道；

9. 孔，缝，洞，原生，次生；

10. 粒间孔隙，粒内孔隙，粒间孔隙，颗粒及粒内溶孔，构造裂缝；

11. 岩石所具有的孔隙和喉道的几何形状、大小、分布及其连通关系，接触类型；

12. 喉道是孔隙的缩小部分、喉道是可变断面的收缩部分、片状或弯片状喉道、管束状喉道；

13. 排替压力，最大连通孔喉半径(R_d)，最小非饱和孔隙体积百分数；

14. 非润湿相，润湿，孔喉系统中最大连通孔隙；

15. 大，集中；

16. 粗，细，粗；

17. 好，平且长；

18. 矿物成分，碎屑颗粒的粒度和分选程度，碎屑颗粒的排列方式，杂基含量；

19. 沉积环境，成岩作用，构造作用；

20. 石英，长石，高，差；

21. 平行于，垂直于，顺，逆；

22. 压实作用，胶结作用，溶解作用；

23. 较差，较好；

24. 喉道是孔隙的缩小部分，片状喉道，较大，③，⑤；

25. 小孔细喉、弯片状或管束状喉道；

26. 多，次生，强，大；

27. 孔隙，裂缝，原生，次生，气孔，溶蚀孔和裂缝；

28. 泥质岩盖层，蒸发岩盖层，区域性盖层，局部性盖层；

29. 物性封闭，压力异常封闭，烃浓度封闭；

30. 毛细管压力封闭，盖层毛细管封闭作用，不一定；

31. 非渗透性岩层。

3.5 简答、图示分析及讨论题

1. 答：一般来讲，有效孔隙度与渗透率成正相关关系，但没有严格的函数关系。岩性不同、孔隙结构不同，二者的关系也不同。碎屑岩一般为孔隙型储层，有效孔隙度与绝对渗透率有较好的正相关关系；洞不发育的颗粒灰岩、晶粒白云岩等碳酸盐岩储层，二者的关系与碎屑岩相似；泥岩、致密石灰岩等裂缝型储层的孔隙度低、渗透率高；岩浆岩、变质岩储层的储集空间以溶孔、裂缝为主，裂缝的影响较大，二者相关性差。

2. 答：任何一种流体的有效渗透率小于该岩石的绝对渗透率。有效渗透率随该相在岩石孔隙中的含量增加而增大，该相流体含量达到100%时，其有效渗透率等于岩石的绝对渗透率；该相流体含量减至某一极限值时，其停止流动，相对渗透率等于0。

3. 答：砂岩的孔隙类型有原生孔隙和次生孔隙。原生孔隙主要受控于沉积作用，是在沉积时期碎屑岩颗粒之间未被填充，胶结物含量少而留下形成的孔隙。次生孔隙主要是颗粒、胶结物等组分溶解产生的孔隙，主要包括粒内溶蚀孔隙、粒间溶蚀孔隙等，还包括各种成因的裂缝。

4. 答:(1) 根据排替压力、连通孔喉半径、中值压力与中值半径、非饱和孔隙体积百分数等参数评价。排替压力越低,岩样的孔隙度越高、渗透性越好;储层物性越好,饱和度中值压力越低。(2) 利用曲线形态。不同的曲线形态能够反映储层孔喉分布的分选和歪度。(3) 利用孔喉分布直方图。

5. 答:三个方面:(1) 沉积环境。包括碎屑颗粒的成分、结构(粒度、分选程度、碎屑颗粒的排列方式、杂基含量)、沉积构造、砂体类型等。(2) 成岩作用、成岩作用类型和成岩阶段。一般来讲,压实作用和胶结作用导致储集层物性变差,溶解作用导致储集层物性变好。(3) 构造作用。

6. 答:(1) 储集层岩性差异:碎屑岩与碳酸盐岩成分、结构、构造等方面的差异。(2) 储集空间差异:储集空间类型、大小、形状等。(3) 储集层物性差异:孔隙性、渗透性的分布及其相关性等。(4) 影响因素差异。

7. 答:有。在构造应力作用下,构造应力集中或应力释放部位的裂缝比应力非集中或非释放部位的裂缝发育。另外,构造应力作用的滑脱层或刚性边界以及同一地层的埋藏深度等,都对地层中裂缝发育的程度产生重要的影响。

8. 答:岩浆岩储集层:储集空间多样、几何形态各异,孔、洞、缝交织在一起,空间结构复杂;孔隙分布不均、连通性差,裂缝起改善储集层物性的重要作用。

泥页岩储集层:一般为特低孔渗储集层,发育多种类型纳米级微孔,包括粒间微孔、黏土晶间微孔、颗粒溶孔、杂基内溶蚀孔、粒内溶蚀孔及有机质孔等;其比表面积大,结构复杂。

9. 答:盖层的特征:细粒、致密、孔渗性差、毛细管阻力(p_c)大、排替压力高。

按岩性分为泥质岩盖层、蒸发岩盖层、碳酸盐岩盖层及其他岩盖层,依据分布范围分为区域性盖层和局部性盖层。

10. 答:储集层:具有孔隙性和渗透性,空隙(孔隙、洞、裂缝)发育,主要有碎屑岩和碳酸盐岩类储集层。

盖层:细粒、致密,具有较低的渗透率和孔隙度,最主要的盖层有蒸发岩类、泥页岩类。

11. 答:如图 3-4 所示,① 未分选;③ 分选好,粗歪度;④ 分选好,细歪度;⑥ 分选差,略粗歪度。

12. 答:有效渗透率与流体的性质及饱和度关系密切。随该相流体饱和度的增加,其有效渗透率和相对渗透率均增加,直到全部为某种单相流体所饱和,其有效渗透率等于绝对渗透率,相对渗透率等于 1;相反,随着该相流体在岩石孔隙中的含量减少,有效渗透率则逐渐降低,直到某一极限含量,该相流体停止流动。

13. 答:一般来讲,孔隙度和渗透率成正相关关系。碎屑岩储集层的物性受粒度、孔隙结构等影响。在有效孔隙度相同的条件下,储集层孔径大、喉道粗、孔隙结构简单者渗透率高。相对于粉砂岩,粗砂岩粒度粗、孔喉粗、孔隙结构简单,所以渗透率高。

14. 答:粒度一定时,分选越好,孔隙度和渗透率越大;分选一定时,粒度越粗,物性越好。

15. 答:岩性不同、孔隙及喉道类型不同、孔隙结构有差异,喉道对渗透率的影响大。对于裂缝发育的泥灰岩、致密石灰岩储集层,裂缝对渗透率的影响大,渗透率高。

16. 答：影响因素：埋藏深度、岩石类型、物性、沉积环境、盖层厚度等；

影响勘探和开发的领域，降低储层评价标准能够扩大勘探领域。

3.6 案例分析

1. 案例 1

(a) 原生粒间孔，颗粒点接触；(b) 残余原生粒间孔及粒间溶孔组成的混合孔隙，颗粒—线接触；(c) 次生孔隙，有粒间和长石粒内溶孔；(d) 次生孔隙发育，包括岩屑粒内溶孔、构造-溶蚀裂缝。

2. 案例 2

A 样品单峰正偏态中孔中喉型：孔喉略粗歪度，分选较好，孔喉半径为 10～20 μm，排替压力小于 0.02 MPa，中值压力小于 0.1 MPa，储集层物性好。

B 样品双峰负偏态小孔细喉型：孔喉半径小，孔喉分布呈双峰，分选差，表现出 0.5～2.0 μm 和 0.02～0.04 μm 两个峰，排替压力高(0.50 MPa)，中值压力为 2 MPa，中值半径小(0.5 μm)，最大连通孔喉半径为 2.0 μm。

3. 案例 3

① 不同成因储集体储集层特征存在差异。

通过对表 3-2 和图 3-11 分析可知，滩坝砂体的储集层物性相对较好，孔隙度平均值为 5.9%，渗透率平均值为 1 mD；扇三角洲前缘砂体次之，孔隙度平均值为 4.4%，渗透率平均值为0.77 mD；滑塌浊积扇砂体储集层物性差，孔隙度平均值为 4.1%，渗透率一般小于 0.1 mD。

滩坝砂岩的成分成熟度和结构成熟度高，物性好。

扇三角洲前缘砂岩粒度细，泥质含量较高，结构成熟度较差，抗压实能力较弱，储集性较差；随埋深增大，储集层物性变得更差。

滑塌浊积扇的岩石类型主要为不等粒砂岩和中粗砂岩，见少量砾石；杂基含量高，砂岩分选差，颗粒圆度较差，以次棱角状为主，成分成熟度较低，储集层质量较差。

② 岩性(粒度)及埋深对储集层物性的影响。

储集层岩石类型主要有砂砾岩、中砂岩、细砂岩、粉砂岩和砂质泥岩等，不同岩性的储集层表现出不同的物性特征。砂砾岩、中砂岩、细砂岩储集层物性较好，粉砂岩和砂质泥岩储集层物性较差。

较浅埋深的储集层，中砂岩储集层物性好，平均孔隙度大于 10%；其次为砂砾岩和细砂岩储集层，平均孔隙度大于 5%；粉砂岩和砂质泥岩储集层物性较差，平均孔隙度小于 3%。

在深部(>3 000 m)储层中，砂砾岩的抗压实作用强，残余粒(砾)间孔发育，孔隙度较大。

另外，部分中细砂岩储集性较好，除与岩石成熟度有关外，还受溶蚀等成岩作用的影响。

4. 案例 4

① 成岩作用分析。

压实作用：该井储集层压实作用整体中等—较弱。主要表现为：颗粒之间点—线接触；

长轴颗粒发生定向排列；塑性岩屑、云母等颗粒压实变形，塑性岩屑“假杂基”化；刚性颗粒（石英等）破裂，形成粒内微裂缝。

胶结作用：主要有黏土矿物、碳酸盐胶结，少量石英次生加大。碳酸盐胶结物有孔隙式（图 3-13c）和基底式胶结（图 3-13a）两种。

溶蚀作用：主要有长石和岩屑颗粒的粒内和粒间溶蚀、碳酸盐胶结物的溶蚀以及石英加大边的溶蚀。颗粒边缘溶蚀形成不规则的港湾状，粒内溶蚀沿长石节理缝形成溶蚀残影、岩屑的筛状溶蚀孔、岩屑中的溶蚀缝等。长石、岩屑及填隙物的溶蚀是形成次生孔隙的主要原因。

② 孔隙类型及孔隙结构特征。

a. 孔隙类型主要有原生孔隙、混合孔隙和次生孔隙。

原生孔隙包括压实残余原生孔和胶结剩余原生孔。其颗粒边缘平直，无明显溶蚀现象。

混合孔隙是部分原生孔隙与部分粒间溶蚀孔隙组成的复合成因孔隙。其颗粒边缘溶蚀特征明显，原生孔隙改造扩大，形成混合粒间孔。

次生孔隙包括粒缘、粒内溶孔以及胶结物溶蚀孔和裂缝。

b. 孔隙结构特征。

图 3-14(a)样品：负偏态小孔细喉型，孔喉半径小，分选差，排替压力、中值压力高，物性差。

图 3-14(b)样品：孔喉呈粗歪度，分选较好，孔喉半径大，排替压力、中值压力小，物性好。

③ 估算图 3-13(f)样品的原始孔隙度和渗透率的方法如下：

a. 通过薄片分析，记录以下岩石学信息：粒度、颗粒形状、磨圆度、分选、面孔率、孔隙类型、胶结物等。

b. 利用图版估算砂岩储集层的原始孔隙度和渗透率。

图 3-13(f)样品的颗粒组分包括石英、长石和岩屑，中—粗粒；磨圆度较好，呈次圆状；分选中等—较好；孔隙度较高（大于 20%）；颗粒间点—线接触，压实较弱；原始孔隙度约为 40%，渗透率为 50～1 000 mD。

④ 分析该井储集层物性的主要影响因素的思路如下：

a. 编制孔隙度与渗透率、孔隙度与粒径、孔隙度与分选（标准偏差）等关系图；

b. 主要从沉积、成岩作用两个方面讨论。

第4章　油气运移与油气藏的形成

4.1　名词解释

1. 油气运移

2. 初次运移

3. 二次运移

4. 有效排烃厚度

5. 圈闭

6. 溢出点

7. 闭合高度

8. 闭合范围

9. 油气藏

10. 含油边界

11. 生储盖组合

4.2　选择题(有一个或多个正确答案)

1. 不同时期,初次运移的相态不同,生油高峰阶段的运移相态为(　　)。
   A. 以水溶相运移　　B. 以游离油相运移
   C. 以气溶油相运移　　D. 以游离气相运移
2. 目前认为烃源岩排烃的主要通道是什么?(　　)
   A. 微裂缝系统　　B. 孔隙系统　　C. 缝-洞系统　　D. 孔-洞系统

3. 一般认为微裂缝系统排油时，石油主要呈何种相态？（　　）

A. 分子扩散　B. 胶体溶液　C. 分子溶液　D. 连续相和混合相

4. 在有机质过成熟阶段，烃类初次运移的主要相态是哪类？（　　）

A. 分子扩散　B. 胶体溶液　C. 分子溶液　D. 连续气相

5. 初次运移的动力包括（　　）。

A. 压实作用与欠压实作用　B. 流体热增压作用

C. 有机质的生烃作用　D. 黏土矿物脱水作用

6. 烃源岩发生欠压实时对排烃有什么影响？（　　）

A. 不利于排烃　B. 有利于排烃　C. 无影响　D. 可能不利

7. 烃源岩温度增加对排烃有什么影响？（　　）

A. 不利于排烃　B. 有利于排烃　C. 无影响　D. 可能不利

8. 烃源岩黏土矿物脱水对排烃有什么影响？（　　）

A. 不利于排烃　B. 有利于排烃　C. 无影响　D. 可能不利

9. 下列说法正确的是（　　）。

A. 按运移的主方向，可将油气运移分为垂向运移和侧向运移、穿层运移和顺层运移等

B. 通常，砂岩较泥岩具有更大的压缩性

C. 油气从低压力带向高异常压力带运移

D. 若甲地区和乙地区地温梯度相等，则甲地区地下 1 500 m 处的温度肯定大于乙地区地下 1 300 m 处的温度

10. 地温增加对排烃有什么影响？（　　）

A. 不利于排烃　B. 有利于排烃　C. 无影响　D. 可能不利

11. 在烃源岩与储集层（或输导层）相邻的部位排烃效率（　　），而越向烃源岩中心部位排烃效率越（　　）。烃源岩中能够有效排出烃类的厚度称为有效排烃厚度。

A. 高，低　B. 低，高　C. 高，高　D. 低，低

12. 油气二次运移的相态有（　　）。

A. 游离油相　B. 胶体溶液　C. 游离气相　D. 水溶相

13. 油气二次运移的通道有（　　）。

A. 连通的储集空间　B. 断层　C. 不整合面　D. 干酪根网络

14. 油气二次运移的距离（　　）。

A. 几千米至上百千米

B. 运移距离与储集层岩性、岩相变化、储集层物性有关

C. 具不整合面、断裂带等运移通道时，运移距离远

D. 一般小盆地运移距离远

15. 油气进行二次运移时，通常受到下列哪几种作用力的影响？（　　）

A. 毛细管压力　B. 浮力　C. 水动力　D. 重力

16. 油气二次运移的方向一般是（　　）。

A. 坳陷向斜坡带　B. 凹陷向长期继承性隆起带

C. 油气总是沿阻力最小的方向运移　D. 高处到低处

17. 油气二次运移过程中,烃类中烷烃的相对含量(　　)。

A. 不变化　　B. 变少　　C. 变多　　D. 变化无规律

18. 圈闭的封闭条件包括(　　)。

A. 储集层　　B. 盖层　　C. 遮挡物　　D. 断层

19. 圈闭的遮挡物有(　　)。

A. 盖层本身弯曲变形　　B. 封闭的断层

C. 岩性变化　　D. 不整合

20. 单一圈闭中"单一"的含义是(　　)。

A. 单独的一套储集层　　B. 具有独立压力系统

C. 统一的油水界面　　D. 流体性质可以不一样

21. 下列说法错误的是(　　)。

A. 一般闭合面积大,圈闭有效容积大

B. 一般闭合度大,圈闭有效容积大

C. 闭合度是储集层顶面的最高点与底面最低点的高程差

D. 闭合点与溢出点是处于同一位置的点

22. 在静水条件下,油(气)藏的油水边界与构造等高线是(　　)。

A. 斜交的　　B. 垂直的　　C. 平行的　　D. 无关

23. 在静水条件下,通过溢出点的构造等值线所围限的面积为(　　)。

A. 含油面积　　B. 圈闭面积　　C. 油环面积　　D. 含气面积

24. 油气藏的外边界是(　　)。

A. 外含油边界　　B. 内含油边界　　C. 含水边界　　D. 含油边界

25. 图 4-1 中有几个独立的油藏或油气藏?(　　)。

A. 1 个　　B. 2 个　　C. 3 个　　D. 4 个

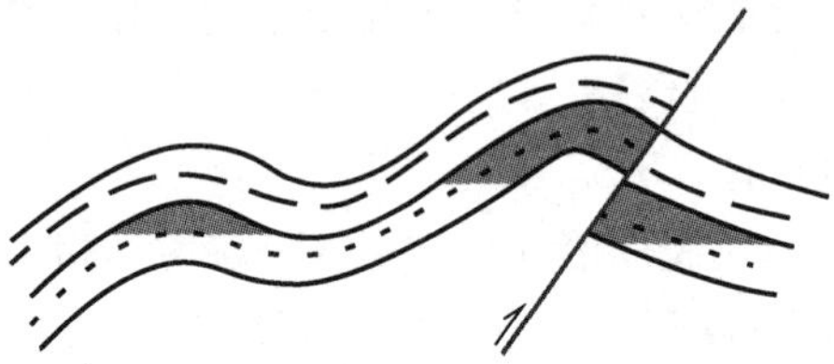

图 4-1　油藏剖面图

26. 充足的油气来源需要具备的条件是(　　)。

A. 生油岩体积大　　B. 有机质丰度高、类型好

C. 成熟度高　　D. 排烃(初次运移)效率高

27. 有利的烃源岩(　　)。

A. 生油凹陷面积大　　B. 单层烃源岩层厚度大

C. 烃源岩累积厚度大　　D. 单层烃源岩层厚度适中

28. "上覆式"生储盖组合是指(　　)。

A. 储集层下伏于烃源岩的组合　　B. 烃源岩下伏于储集层的组合

C. 烃源岩在不整合面下的组合　　D. 储集层在不整合面下的组合

29.“下伏式”生储盖组合是指(　　　)。

A. 储集层下伏于烃源岩的组合　　B. 烃源岩下伏于储集层的组合

C. 烃源岩在不整合面下的组合　　D. 储集层在不整合面下的组合

30.“侧变式”生储盖组合属于(　　　)。

A. 不连续的生储盖组合　　B. 断裂型生储盖组合

C. 连续的生储盖组合　　D. 不整合型生储盖组合

31. 不连续的生储盖组合属于(　　　)。

A. 互层式　　B. 侧变式　　C. 断层型　　D. 不整合式

32. 有效的圈闭(　　　)。

A. 圈闭形成时间早于或等于油气区域运移时期

B. 距油源区近,在油气运移路线上

C. 圈闭有效容积大

D. 保存条件好

33. 根据图 4-2,确定 1～5 号圈闭形成的相对时间,形成最早和最晚的分别是(　　　)。

A. 1,4　　B. 2,4　　C. 3,2　　D. 4,5

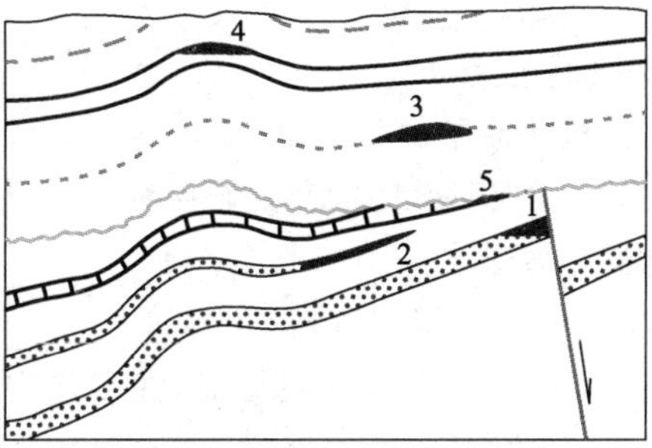

图 4-2　油藏剖面图

4.3　判断题(对者打√,错者打×)

1. 油气沿微裂缝的运移呈幕式涌流方式,具有间歇性、脉冲性、多期性、周期性特点。(　　)

2. 造成烃源岩产生异常高压的作用是初次运移的动力。(　　)

3. 初次运移的方向,微观上,泥岩向砂岩运移;宏观上,由深部向浅部、由盆地中心向盆地边缘运移。(　　)

4. 生油层单层厚度越大,有效排烃效率越高。(　　)

5. 浮力是二次运移的动力。(　　)

6. 油气总是向上倾方向运移。(　　)

7. 在岩性、岩相变化较大的地区,同时又缺乏断层和不整合面等其他运移通道,油气不可能进行长距离的运移。(　　)

8. 断层都可以作为油气圈闭的遮挡物。(　　)

9. 一个构造的起伏高度高,它的闭合高度也高。(　　)

10. 油气藏是地壳中油气聚集的最基本单元。(　　)

11. 动水条件下，油气柱高度等于油水界面到油气藏最高点的高程差。 （　　）

12. 充足的油气来源是形成油气藏的物质基础，烃源岩单层厚度越大越有利。 （　　）

13. 如果盆地面积较小，那么不能形成丰富的油气聚集。 （　　）

14. 若圈闭形成时间早则圈闭有效。 （　　）

4.4 填空题

1. 初次运移是指油气____________________________的运移。

2. 二次运移是指________________________________。

3. 石油初次运移的相态以________占主导地位，而水溶相、气溶相居次要地位。不同地区、不同岩性、不同深度情况下油气运移的相态是不同的。

4. 对于泥质烃源岩来讲，在低成熟阶段，孔隙度较______，地层水较______，生烃量较________且胶质、沥青质含量高，油气的初次运移最有可能以____相运移；随着埋深增加，进入生油高峰阶段，油气主要以________运移；在生凝析气阶段则主要以______相运移；在过成熟阶段，天然气则以________相运移。

5. 油气初次运移的动力主要有__________、__________、__________、__________、__________、__________。

6. 油气初次运移的主要通道包括________________、______________、__________、有机质或干酪根网络。

7. 在烃源岩与储集层（或输导层）相邻的部位排烃效率____，而越向烃源岩中心部位排烃效率越____。烃源岩中能够有效排出烃类的厚度称为__________厚度。

8. 油气二次运移主要以________相态进行，包括油气在__________中的运移，以及沿__________、__________、________等通道的运移，主要指向为________________。

9. 地层倾斜时，当存在来自上倾方向的水流时，水动力与浮力方向__________，对运移起______作用；当存在来自下倾方向的水流时，水动力与浮力方向__________，对运移起__________作用。

10. 油气二次运移的主要通道有__________、________、__________、__________。

11. 油气二次运移的距离取决于运移通道、区域构造条件、____________________、上覆盖层与断层的发育，以及油气二次运移的动力条件。

12. 二次运移主要时期在________________________________。

13. 油气在地下的运移是沿着渗透性__________、阻力最__________的方向运移。

14. 从盆地整体上看，油气运移的方向总是由盆地________向盆地________和盆地中的______运移，由深部地层向浅部地层运移。位于生油凹陷附近的凸起带及斜坡带，常成为油气运移的主要指向，特别是________________________最为有利。

15. 油气二次运移的动力主要有__________、________、构造运动力及分子扩散力等。

16. 圈闭指储集层中能够______________________________的场所。

17. 圈闭通常由三部分组成：(1)______，这是圈闭的主体部分，为油气储存提供空间；(2)______，位于储集层之上，阻止油气向上逸散；(3)______，阻止油气继续侧向运移，构成油气聚集的屏障。

18. 圈闭的遮挡物可以是__________________________，如背斜；也可以由________、

岩性或物性变化、________等构成。

19. 根据圈闭的成因、遮挡条件，将圈闭分为________、________、________、________等类型。

20. 油气充满圈闭后，开始向外溢出的点，称为圈闭的________。一般通过溢出点的构造等高线所圈出的面积，称为该圈闭的________。

21. 闭合高度是指________________，简称闭合度。

22. 油气藏是油气在________中的聚集，具有统一的________和________。

23. 对于边水油藏，油水接触面与油层顶面的交线为________，油水接触面与油层底面的交线为________；另外，对于地质条件复杂的油藏，含油边界还可以由________和________等构成。

24. 油气藏形成的基本条件主要有四个方面：________、________、________、________。

25. 油气来源是油气藏形成的物质基础，油气的丰富程度取决于盆地内烃源岩系的发育程度及其有机质的________、________和________。

26. 根据生油层、储集层、盖层三者在时间上的相互配置关系，可将生储盖组合划分为________、________、________和________四种类型。

27. 生储盖组合中，单纯块状砂岩发育或单纯块状泥岩发育的地区，对石油聚集________。有利的生储盖组合中生油层的最佳厚度应该是该区的________。

28. 圈闭的有效性就是指________________。影响圈闭有效性的主要因素有：________与油气运移时间的关系、________与油源区的相应关系、水压梯度和流体性质对圈闭有效性的影响等。

29. 在油气区域性运移________形成的圈闭，对油气的聚集才是有效的。

30. 地壳运动对油气藏保存的影响主要有以下几种形式：________________。________________________________。

4.5　简答、图示分析及讨论题

1. 简述油气初次运移的机理(相态、通道、动力)。
2. 简述初次运移模式“微裂缝排烃模式”。
3. 简述油气二次运移的动力。
4. 简述油气二次运移方向和距离的受控因素。
5. 图示、分析异常高压的形成原因及其在油气初次运移中的作用。
6. 简述油气初次运移和二次运移的含义。
7. 从油气运移的动力、时间和通道等方面，简述油气初次运移和二次运移的差异。
8. 如何度量圈闭？一般步骤是什么？
9. 何谓油气藏？油气藏度量的主要参数有哪些？
10. 论述形成油气藏的综合地质条件。
11. 简述充足油气来源的地质条件。
12. 简述如何评价圈闭的有效性。
13. 图示说明圈闭的主要类型。

14. 图示说明生储盖组合的类型。

15. 图 4-3 为玉门油田的生烃凹陷、圈闭及油田分布图，鸭儿峡、老君庙、石油沟为三个重要的背斜油田，A 圈闭为空圈闭。试分析 A 为无效圈闭的可能原因。

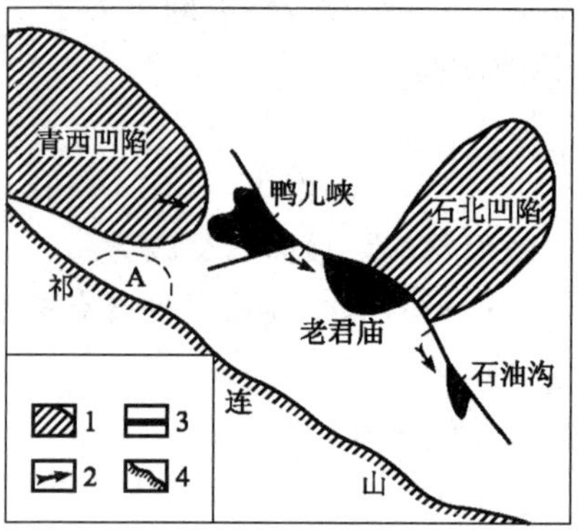

图 4-3　油田分布图

1—凹陷；2—运移方向；3—油田；4—盆地边界

16. 根据图 4-4 所示的 K 层顶面构造图和地质剖面图，分析图中 K 层能否形成油气藏，能形成什么类型的油气藏。

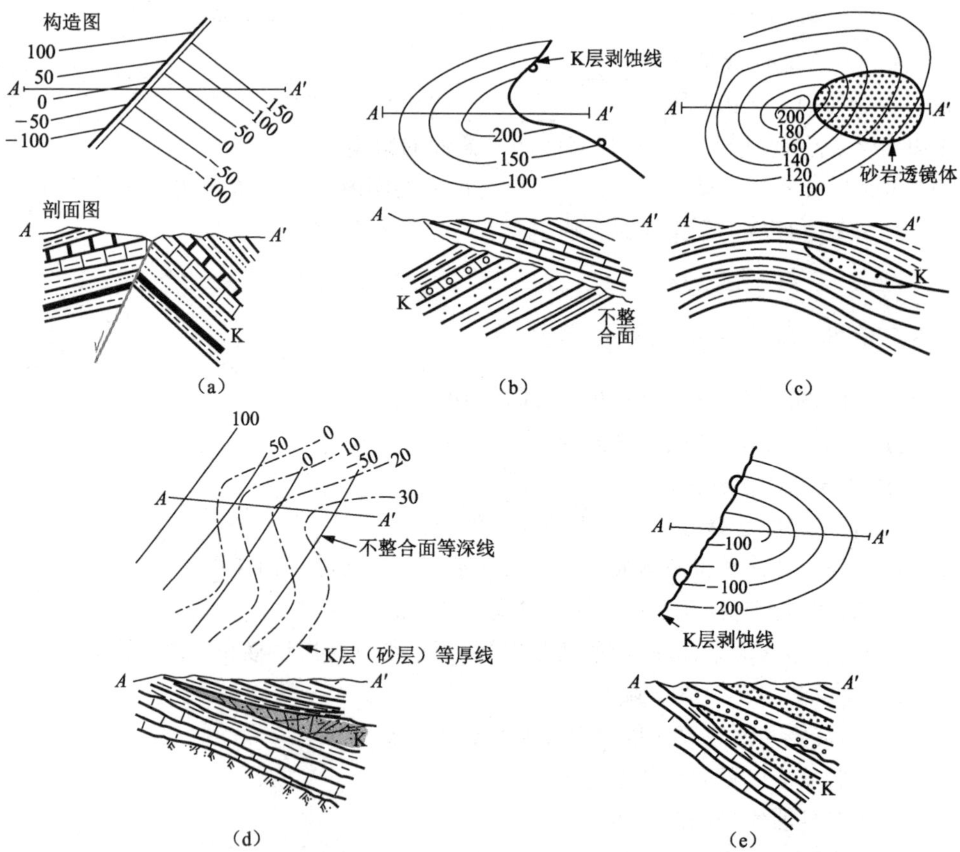

图 4-4　K 层顶面构造图及地质剖面图

图中数据单位为 m

17. 根据图 4-5，判别图中的圈闭类型及圈闭数目，并勾绘出最大圈闭范围。

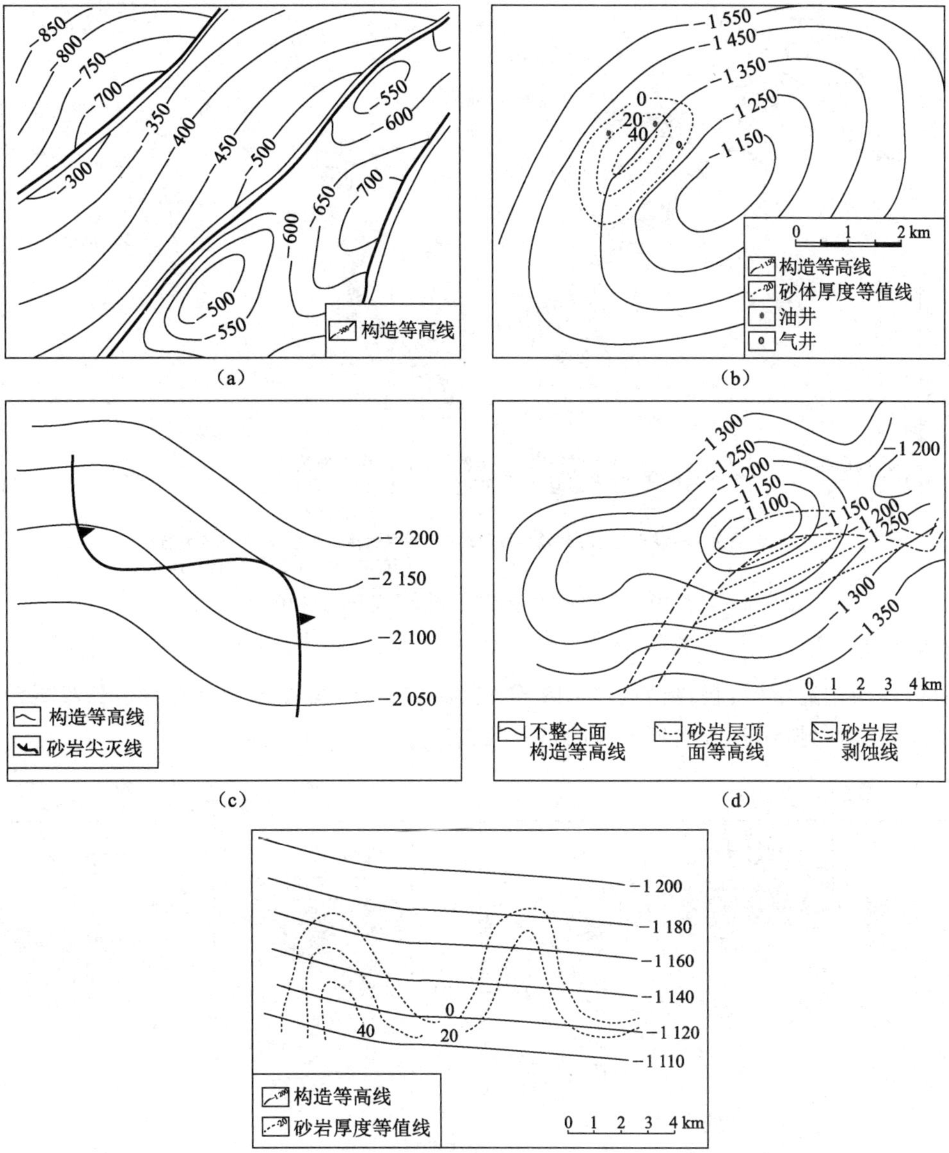

图 4-5 圈闭平面图

图中数据单位为 m

18. 讨论油气运移理论对找油有何指导作用。

4.6 案例分析

1. 案例 1：油气二次运移的通道

(1) 资料。

图 4-6 为环渤中凹陷不同构造带“汇聚脊”发育与油田分布关系图，图 4-7 为不同构造带油气田分布图。

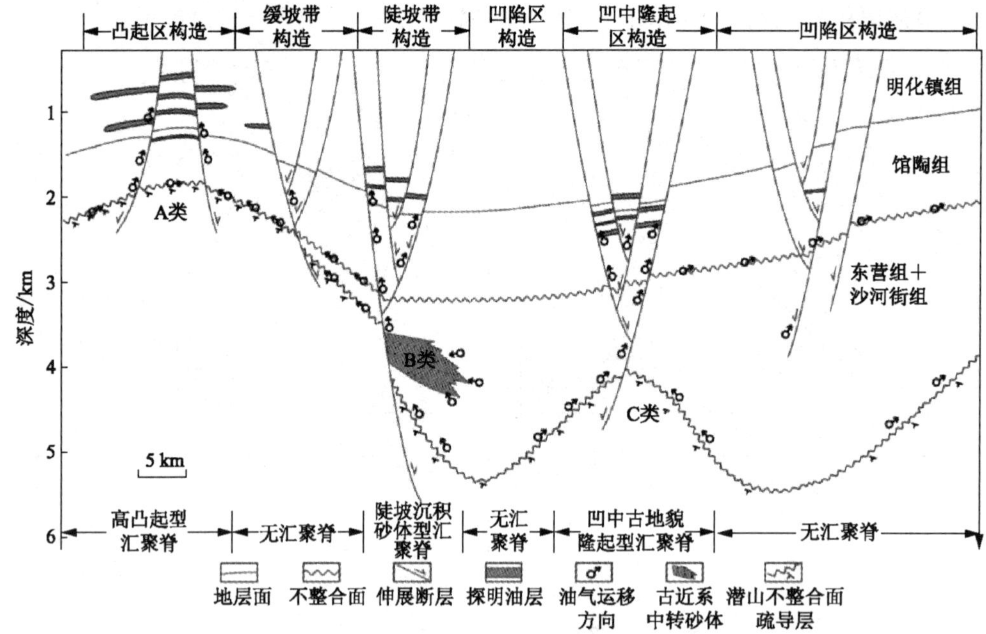

图 4-6　环渤中凹陷不同构造带“汇聚脊”发育与油田分布关系图

（2）要求。

分析不同构造带（凸起、陡坡、凹中隆等）的油气二次运移通道的差异性，深、浅层油气运移通道的差异性，探讨其对油气勘探的指导意义。

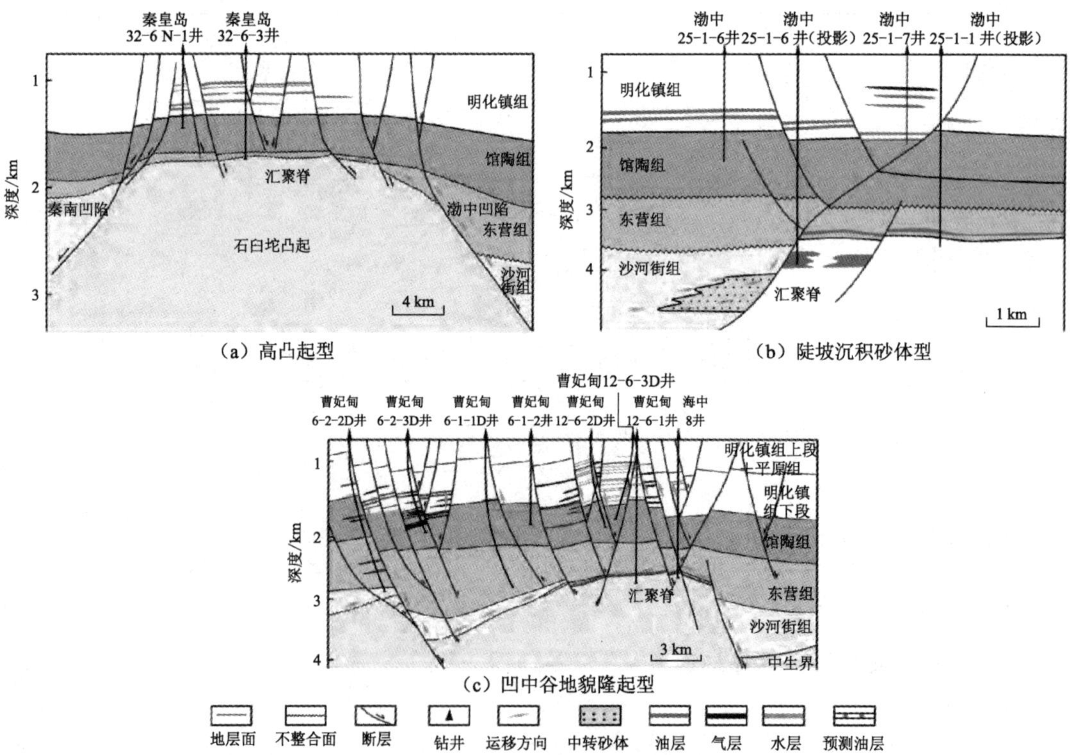

图 4-7　不同构造带油气田分布图

2. 案例 2:圈闭有效性分析

(1) 资料。

某研究区沉积厚度稳定,油气大量生成和运移的主要时期为沙河街组二段(简称沙二段)沉积末期。研究区在沙二段沉积末期和东营组沉积末期经历了两次构造运动,其中后者对先期形成的构造没有造成很大的影响,并且继承了先期构造运动形成的构造格局。

图 4-8 为沙河街组三段(简称沙三段)—东营组地层剖面图,图 4-9 为不同时期沙三段底面古构造图,图 4-10 为沙三段下部暗色泥岩及沙三段上部砂岩分布图。

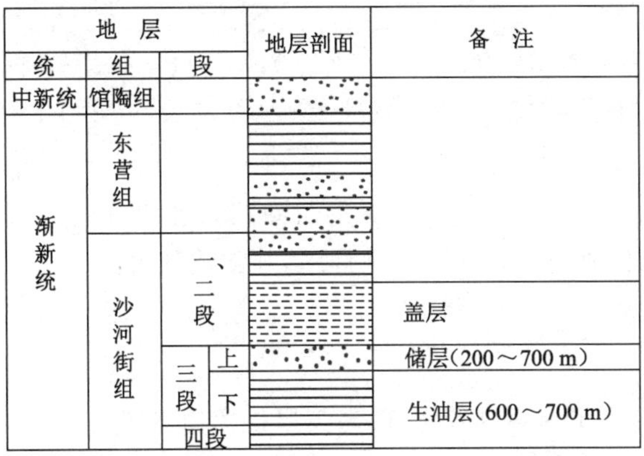

图 4-8 沙河街组三段—东营组地层剖面图

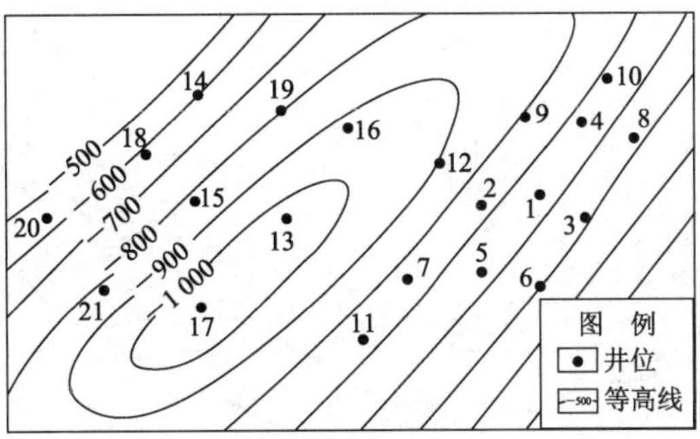

(a) 沙三段沉积末期

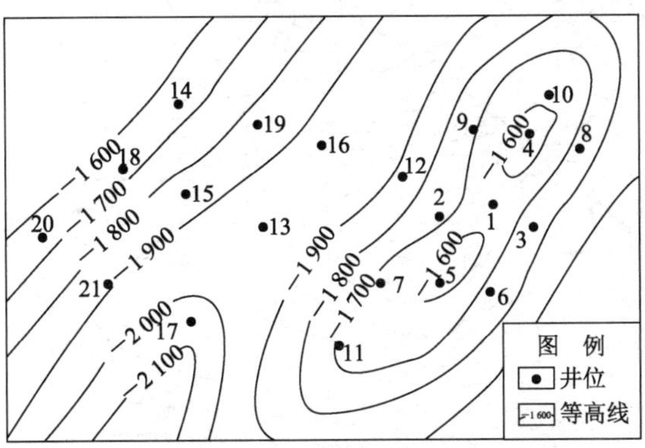

(b) 沙一、二段沉积末期

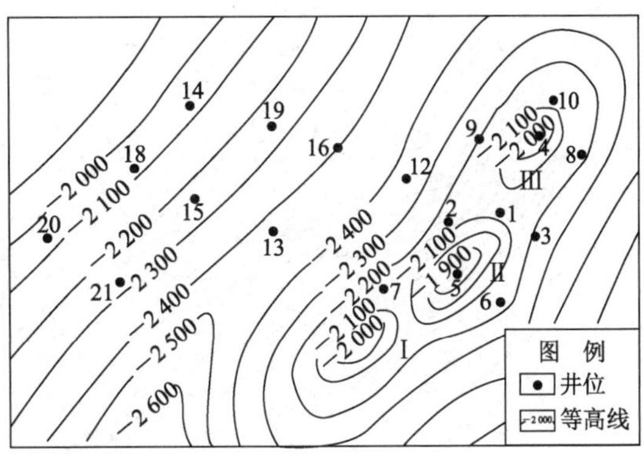

(c) 东营组沉积末期

图 4-9 不同时期沙三段底面古构造图

图中等高线上数值单位为 m

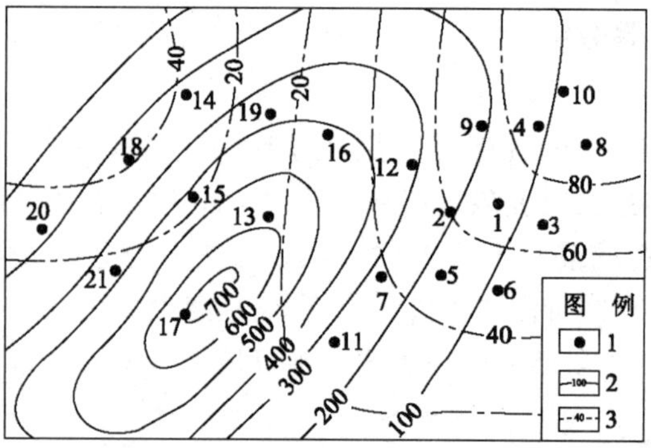

图 4-10　沙三段下部暗色泥岩及沙三段上部砂岩分布图

1—井位；2—沙三段下部暗色泥岩（生抽层）等厚线，单位 m；3—沙三段上部砂岩（储集层）等厚线，单位 m

（2）要求。

根据所给资料，从油气的生成、运移、储集及圈闭条件等方面，对该区背斜构造带上Ⅰ、Ⅱ、Ⅲ三个背斜圈闭的含油气远景进行评价排序，并叙述理由。

3．案例 3：圈闭分析

（1）资料。

图 4-11 为吐哈盆地胜北地区侏罗系 M 储集层顶面构造图，位于该区东北部、属于同一构造带的台参 2 井油气显示活跃，在上侏罗统喀拉扎组 2 860～2 980 m 段发现可疑气层 11 层 32.6 m。该区胜北 3 号构造东块的 SB3 井，于喀拉扎组 2 818～2 996 m 段中途测试和 2 953～2 970 m 段完井测试，分别获得日产气 49 525 m^3 和 2 5140 m^3 的工业气流。

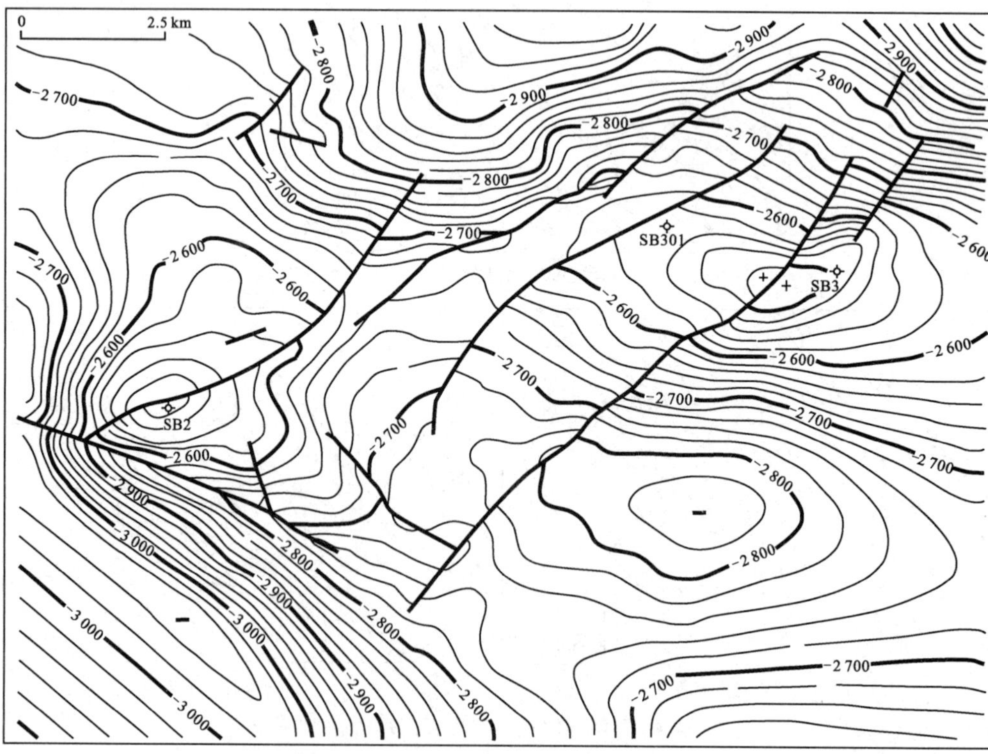

图 4-11　胜北地区侏罗系 M 储集层顶面构造图（单位 m）

从区域勘探的成果分析：

① 上侏罗统喀拉扎组储集层物性较好，且有良好的储盖组合，是目前主要的勘探目的层。该区上侏罗统储集层厚200余米，其上覆白垩系发育稳定非渗透性的泥岩，断层的封闭性好。

② 该区油源充足。该区发育两套烃源岩，一套为中侏罗统七克台组湖相泥岩，一套为中下侏罗统水西沟群煤系源岩，暗色泥岩厚度最大达14 m，煤层最大厚度达80 m。两套烃源岩埋深均已进入生油门限。

③ 近东西走向和南西-北东走向的两条断裂沟通了烃源岩和储集层。

(2) 要求。

分析图中的圈闭情况，给出布井建议。

4. 案例4：圈闭和油气藏的分析与度量

(1) 资料：图4-12为某砂岩储集层顶面构造图，储集层平均厚50 m，上覆有良好盖层，已探明的南部区块各井钻遇含油高度分别是：1井120 m，2井50 m，3井25 m。

要求：① 确定圈闭的类型，标出溢出点的位置，画出圈闭的闭合范围，计算闭合高度；

② 画出油藏范围，计算油藏最大含油高度。

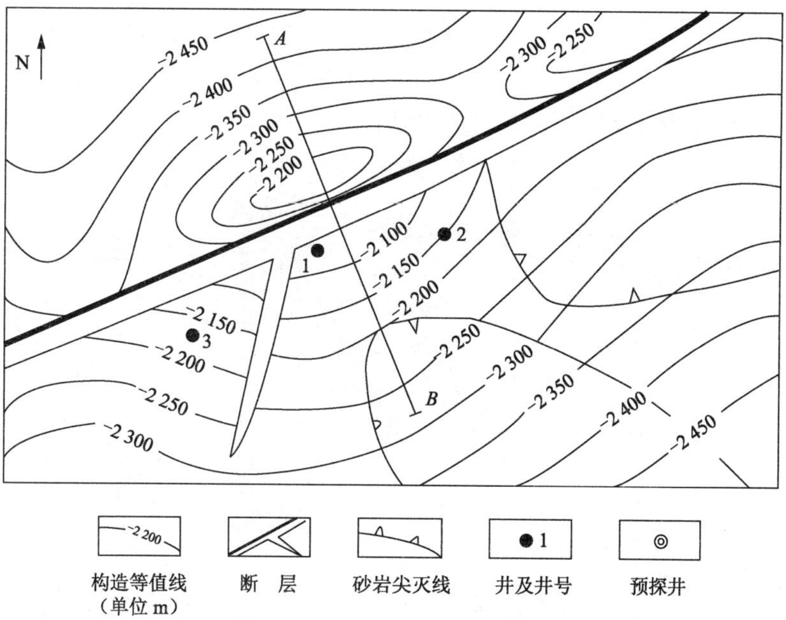

图4-12 某砂岩储集层顶面构造图

(2) 资料：图4-13是某砂岩层顶面构造图，储集层厚50 m，上覆有良好盖层。1、2井均钻遇油层且未见水，3、4、5井中水距油层顶面高度分别为25、50、25 m。

要求：① 标出圈闭、溢出点的位置，计算闭合高度；

② 画出油藏范围，计算油藏最大含油高度；

③ 说明各油藏的类型；

④ 分析北东和东西向两组断层的封闭性，并说明理由。

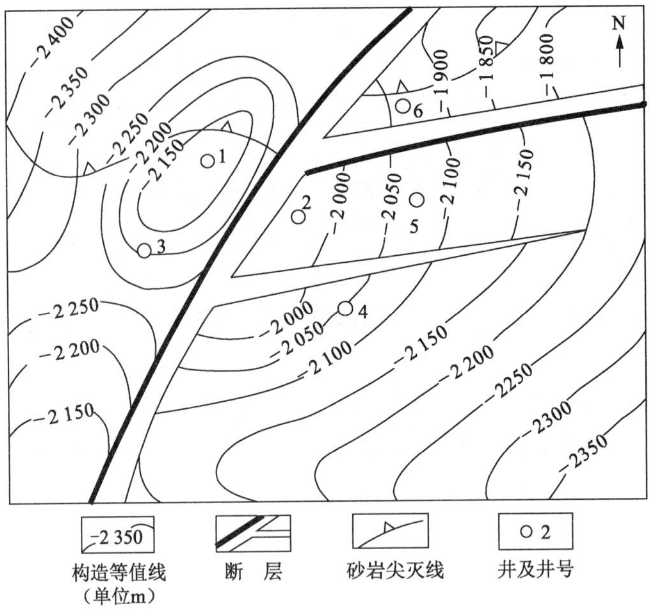

图 4-13　某砂岩层顶面构造图

(3) 资料：图 4-14 为 M 储集层顶面构造图，储集层厚度≤50 m，储集层上、下均发育有巨厚的非渗透性泥岩。

要求：① 分析图中可能圈闭的数目及类型；

② 标出各圈闭溢出点的位置，画出圈闭的闭合范围。

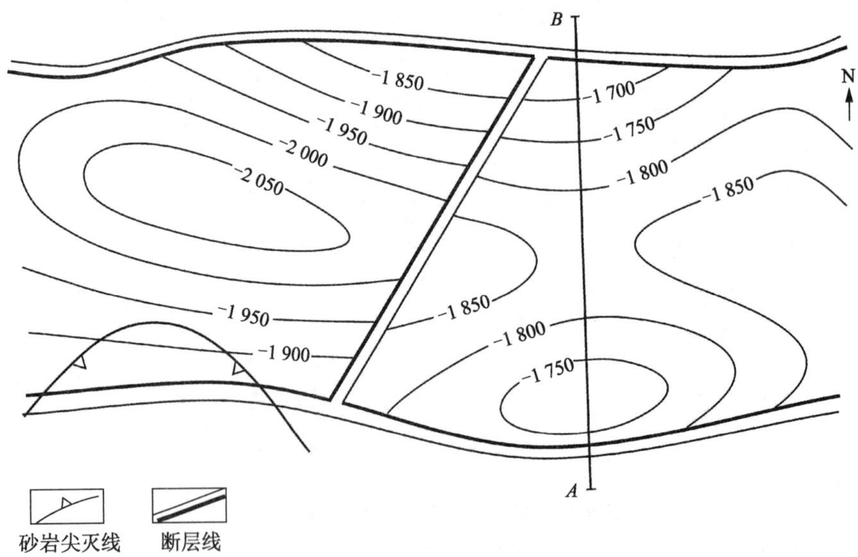

图 4-14　M 储集层顶面构造图(单位 m)

(4) 资料：图 4-15 为某砂岩储集层顶面构造图，储集层厚度 50 m，储集层上、下均发育有厚层且分布稳定的非渗透性泥岩。

要求：① 分析图中可能圈闭的数目及类型；

② 标出各圈闭溢出点的位置，画出圈闭的闭合范围。

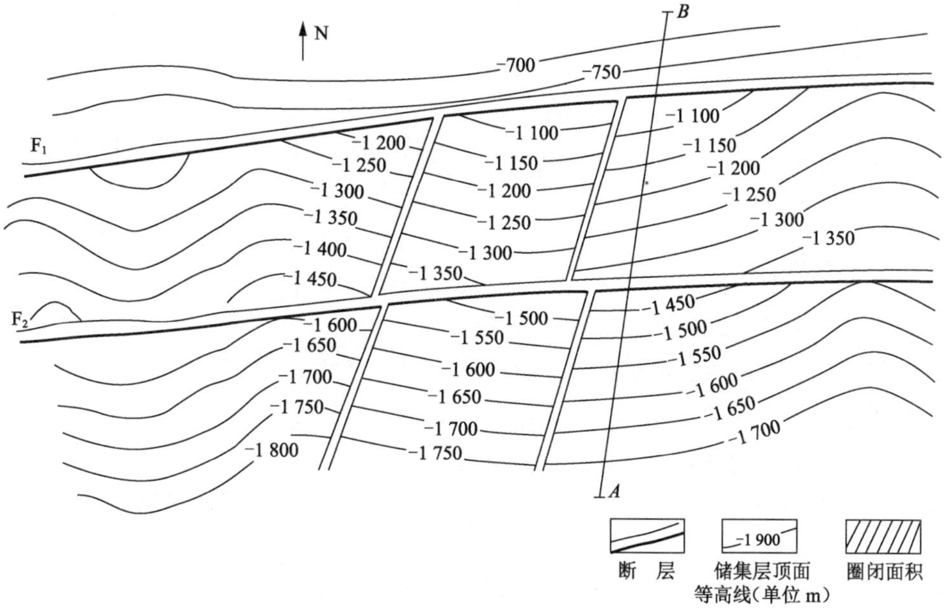

图 4-15　某砂岩储集层顶面构造图

参考答案

4.1　名词解释

1. 油气运移:油气在烃源岩中自烃源岩向储集层或运载层中的运移。
2. 初次运移:油气自烃源岩向储集层或运载层中的运移。
3. 二次运移:油气进入储集层或运载层后的一切运移。
4. 有效排烃厚度:烃源岩中能够有效排出烃类的厚度。
5. 圈闭:能够阻止油气运移,适合于油气聚集的场所。
6. 溢出点:流体充满圈闭后,最先从圈闭中溢出的点。
7. 闭合高度:从圈闭的最高点到溢出点之间的海拔高差。
8. 闭合范围:通过溢出点的构造等高线圈出的封闭面积。
9. 油气藏:油气在单一圈闭中的聚集。
10. 含油边界:指外含油边界,油水界面与油层顶面的交线。
11. 生储盖组合:生油层、储集层、盖层在时间、空间上的组合形式或配置关系。

4.2　选择题

1. B　2. A　3. D　4. D　5. ABCD　6. B　7. B　8. B　9. A　10. B　11. A
12. AC　13. ABC　14. ABC　15. ABCD　16. ABC　17. C　18. BC　19. ABCD
20. ABC　21. C　22. C　23. B　24. AD　25. C　26. ABD　27. ACD　28. A

29. B　30. C　31. CD　32. ABCD　33. B

4.3 判断题

1. √　2. √　3. √　4. ×　5. ×　6. ×　7. √　8. ×　9. ×　10. √　11. ×
12. ×　13. ×　14. ×

4.4 填空题

1. 在烃源岩中自烃源岩向储集层或运载层中；
2. 油气进入储集层或运载层后的一切运移；
3. 游离相；
4. 大，多，少，水溶，游离相，气溶油，游离气；
5. 压实作用，欠压实作用，黏土矿物脱水作用，热流体增压作用，有机质生烃作用，渗析作用；
6. 较大的孔隙与微层理面，构造裂缝与断层，微裂缝；
7. 高，低，有效排烃；
8. 游离，连通孔隙，裂隙（缝），断层，不整合面，相邻的斜坡和隆起；
9. 相反，阻力，相同，动力；
10. 连通孔隙，裂缝，断层，不整合面；
11. 岩性岩相变化；
12. 油气大规模运移的时期；
13. 最好，小；
14. 中心，边缘，古凸起，长期继承性的隆起带；
15. 浮力，水动力；
16. 阻止油气运移，适合于油气聚集的场所；
17. 储集层，盖层，遮挡物；
18. 盖层本身的弯曲变形，断层，地层不整合；
19. 构造圈闭，地层圈闭，岩性圈闭、水动力圈闭；
20. 溢出点，闭合面积；
21. 从圈闭的最高点到溢出点之间的海拔高差；
22. 单一圈闭，压力系统，油水界面；
23. 外含油边界，内含油边界，油水边界，岩性边界；
24. 充足的油气来源，有利的生储盖组合，有效的圈闭，良好的保存条件；
25. 丰度，类型，热演化程度；
26. 正常式，侧变式，顶生式，自生自储自盖式；
27. 都不利，有效排烃厚度；
28. 在具有油气来源的前提下圈闭聚集了油气，圈闭形成时间，圈闭位置；
29. 之前或同时；

30. 导致油气藏破坏;产生一系列断层,破坏圈闭完整性;使原有油气藏圈闭溢出点抬高,倾斜方向发生改变。

4.5 简答、图示分析及讨论题

1. 答:(1) 相态:生烃的不同阶段,初次运移的相态不同。有机质未成熟阶段,以水溶相为主;有机质成熟阶段,以游离相(油相)占主导地位;高成熟阶段,以游离气相或气溶相为主;过成熟阶段,以游离气相为主。

(2) 通道:包括较大的孔隙与微层理面、构造裂缝与断层、微裂缝、有机质或干酪根网络。

(3) 动力:压实作用、欠压实作用、黏土矿物脱水作用、热流体增压作用、有机质生烃作用、渗析作用、胶结和重结晶作用、扩散作用等。

2. 答:当裂隙周围介质的孔隙压力等于裂缝中的孔隙压力时,裂缝可长时间保持开启;当周围介质孔隙流体压力低于裂缝中的初始压力时,裂缝闭合。在微裂缝张开之后,流体就沿裂缝排出,随后在上覆地层负荷作用下裂缝闭合。此后又可以形成新的高压异常,继而形成新的微裂缝与排烃过程。

3. 答:地层条件下,油气二次运移的动力有浮力、水动力、构造应力、分子扩散力和分子渗透力等。

4. 答:(1) 二次运移方向的受控因素:油气的运移是沿着渗透性最好、阻力最小的方向,从高流体势区向低流体势区运移。从盆地上看,运移的方向总是由盆地中心向盆地边缘和盆地中的古凸起运移,由深部地层向浅部地层运移。位于生油凹陷附近的凸起带及斜坡带成为油气运移的主要指向。(2) 二次运移距离的受控因素:主要有运载层连续性、运载层及相关地层的构造起伏、封盖层的形态与分布、盆地结构和形状及断层的阻挡和连通。

5. 答:原因:欠压实、构造挤压、生烃、水热增压、黏土矿物脱水等。

作用:异常高压产生了动力作用,使烃源岩产生微裂缝,促使烃类呈涌流运移。图示略。

6. 答:初次运移是油气自烃源岩向储集层或运载层中的运移;二次运移是油气进入储集层或运载层后的一切运移。

7. 答:(1) 运移动力:初次运移的动力有压实和欠压实作用、黏土矿物脱水作用、热流体增压作用、有机质生烃作用、渗析作用等;二次运移的动力有浮力、水动力、构造应力等。(2) 运移时间:初次运移的主要时期是有机质成熟阶段;二次运移的主要时期是油气生成同时或之后大规模构造运动时期。(3) 运移通道:初次运移的主要通道包括较大的孔隙与微层理面、构造裂缝与断层、微裂缝、有机质或干酪根网络;二次运移的主要通道有连通孔隙、裂缝、断层和不整合面。

8. 答:圈闭由圈闭的溢出点、闭合高度、闭合范围、最大有效容积等参数来度量。

一般步骤:先判断圈闭类型,然后找出溢出点,过溢出点画出闭合范围,计算闭合高度和最大有效容积。

9. 答:油气藏是油气在单一圈闭中的聚集。单一指单一储层、具有统一的压力系统和油水界面,是地壳上油气聚集的基本单元。度量的主要参数有内、外含油边界以及含油气面积、油柱高度、气柱高度、油气藏高度等。

10. 答:油气藏形成的地质条件有:充足的油气来源、有利的生储盖组合、有效的圈闭和必要的保存条件。

11. 答:盆地内烃源岩系的发育程度(单层厚度、累积厚度、体积)及有机质的丰度、类型和热演化程度等。烃源岩系的发育程度取决于生烃凹陷面积的大小及凹陷持续时间的长短。

12. 答:(1) 圈闭位置与油源区远近关系;(2) 圈闭的形成时间与油气运移时间的关系;(3) 圈闭位置与油气主要运移路线的关系;(4) 保存条件,包括水动力、构造作用、火山活动等。

13. 答:构造型(背斜型、断层型、岩体刺穿接触型、裂缝型)、地层型(不整合遮挡型、超覆型、古潜山型)、岩性型(岩性透镜体型、上倾尖灭型)、水动力型、复合型。图示略。

14. 答:正常式,侧变式,顶生式,自生、自储、自盖式。图示略。

15. 答:圈闭形成时间晚于油气大规模运移的时间,圈闭位置没有处在油气运移的路径上。

16. 答:(a) 不能形成圈闭,没有闭合区;(b) 不整合遮挡型地层圈闭;(c) 砂岩透镜体岩性圈闭;(d) 不能形成圈闭,储集层暴露地表;(e) 不能形成圈闭,K 层上倾方向与砾岩接触,没有有效的遮挡物。

17. 答:(a) 4 个圈闭,图略;(b) 1 个圈闭,砂岩透镜体岩性圈闭;(c) 无圈闭;(d) 1 个圈闭,不整合遮挡型地层圈闭;(e) 没有圈闭。

18. 答:油气运聚的方向、距油源区的距离、规模、层位、油气藏的类型等。

4.6 案例分析

1. 案例 1

高凸起运移通道以断层及不整合为主导,陡坡以砂体、断裂为主导,凹中隆以断裂为主导。

2. 案例 2

三个背斜圈闭的含油气远景评价排序:Ⅱ、Ⅲ、Ⅰ。

理由:圈闭有效性。

3. 案例 3

发育 4 个断块,图右下方东断块构造品质好,与胜北 3 号构造具有相似性,油源断裂发育,圈闭的封堵条件好。

4. 案例 4

(1) 如图 4-16 所示,图中的南北向小断层为开启性断层。

发育 2 个圈闭、2 个油藏,分别为 1、2、3 井所在的圈闭 A,断层左上侧的圈闭 B;

A 为断层-岩性复合型圈闭,B 为断背斜圈闭,闭合高度均为 150 m;

A 油藏的最大含油高度为 125 m,B 油藏的最大含油高度为 150 m。

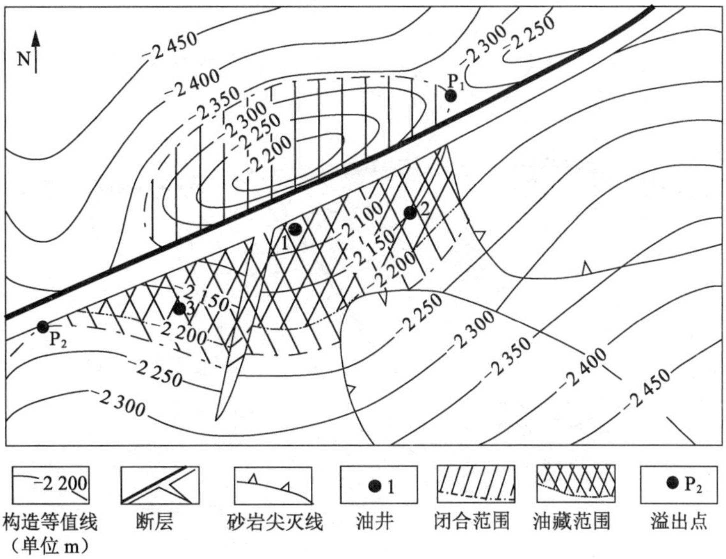

图 4-16 某砂岩储集层顶面构造图

(2) 如图 4-17 所示，3 个圈闭，其中 1 个构造圈闭、2 个构造-岩性圈闭。

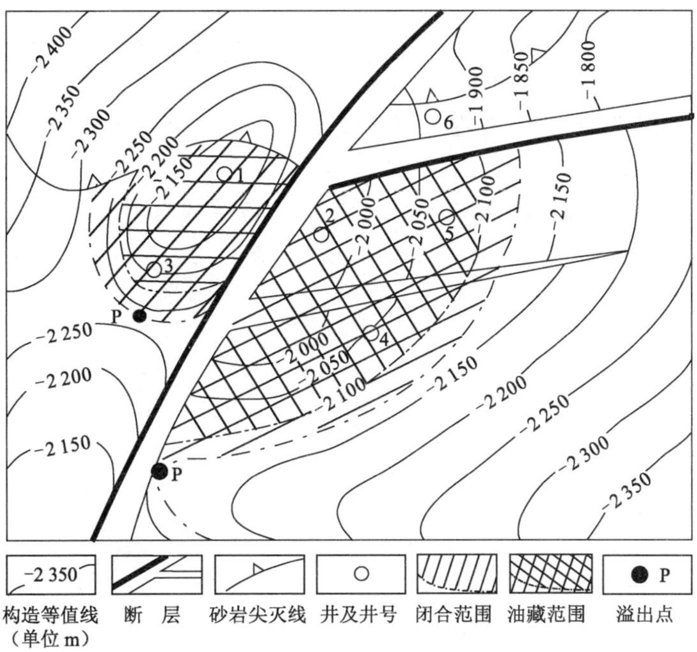

图 4-17 某砂岩层顶面构造图

3 个圈闭(1、3 井所在的 A 圈闭，4、5 井所在的 B 圈闭，6 井所在的 C 圈闭)；

3 个油藏(A 油藏最大含油高度为 100 m，B 油藏最大含油高度为 125 m，C 油藏最大含油高度为100 m)；

油藏类型：A、C 为构造-岩性复合油气藏，B 为断层油藏。

北东向断层为封闭性断层，两侧油水界面不一样；2 和 4 井之间的东西向断层为开启性断层，2、4 井的油水界面一样；2 和 6 井间的断层为封闭性断层，断距大于储集层厚度，两侧砂岩不直接接触。

(3) 如图 4-18 所示,① 图中存在 4 个圈闭,左上 A 为断层圈闭,右上 B 为断层圈闭,左下 C 为断层-岩性复合圈闭,右下 D 为断层-背斜圈闭。

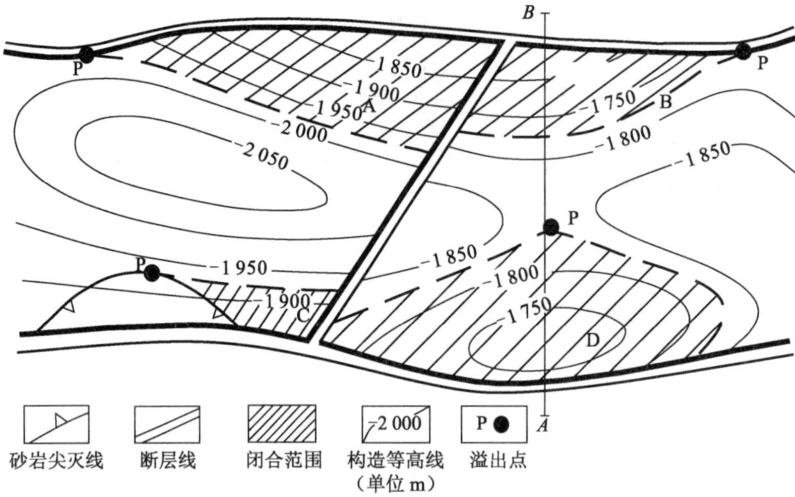

图 4-18 M 储层顶面构造图

② 各圈闭溢出点:A、B 圈闭的溢出点为等值线与断层的切点位置,C 圈闭的溢出点为等值线与尖灭线的切点位置,D 圈闭的溢出点为鞍部。

(4) 如图 4-15 所示,① 图中存在 2 个圈闭,F_1 与 F_2 之间为 A 圈闭,F_2 下部为 B 圈闭,A 和 B 均为断层圈闭。

② 各圈闭溢出点:A 圈闭的溢出点为－1 175 m 等值线与 F_1 断层线的切点,B 圈闭的溢出点为－1 550 m 等值线与 F_2 断层线的切点。图略。

第 5 章　油气聚集单元及油气的分布

5.1　名词解释

1. 构造油气藏

2. 地层油气藏

3. 岩性油气藏

4. 水动力油气藏

5. 复合油气藏

6. 背斜油气藏

7. 断层油气藏

8. 潜山油气藏

9. 油气田

10. 复合型油气田

11. 油气聚集带

12. 沉积盆地

13. 含油气盆地

5.2 选择题(有一个或多个正确答案)

1. 断层圈闭属于何种圈闭?(　　)

A. 岩性圈闭　B. 不整合圈闭　C. 构造圈闭　D. 复合圈闭

2. 断层油气藏的形成条件是什么?(　　)

A. 断层封闭,作为遮挡物　B. 断层线与构造等高线形成闭合区

C. 断层断距大　D. 断层弯曲

3. 依据平面形态类型,断层油气藏的类型有(　　)。

A. 断层与鼻状构造组成的油气藏

B. 弯曲或交叉断层与倾斜地层组成的油气藏

C. 两条弯曲断层两侧相交组成的油气藏

D. 岩性尖灭线与倾斜地层组成的油气藏

4. 泥火山刺穿接触油气藏属于何种油气藏?(　　)

A. 岩性油气藏　B. 不整合油气藏　C. 构造油气藏　D. 复合油气藏

5. 背斜圈闭属于何种圈闭?

A. 岩性圈闭　B. 不整合圈闭　C. 构造圈闭　D. 复合圈闭

6. 裂缝性油气藏具有以下特点(　　)。

A. 油气藏常呈块状

B. 钻具放空、钻井液漏失、井喷

C. 同一油气藏不同井间产量相差悬殊

D. 储集空间和渗滤通道主要为(构造)裂缝

7. 地层超覆油气藏分布(　　)。

A. 在不整合面之上　B. 在不整合面之下

C. 与不整合无关　D. 断层附近

8. 古潜山油气藏属于何种油气藏?(　　)

A. 构造油气藏　B. 地层油气藏

C. 水动力油气藏　D. 复合油气藏

9. 不整合圈闭属于(　　)。

A. 复合圈闭　B. 构造圈闭　C. 地层圈闭　D. 岩性圈闭

10. 生物礁油气藏属于何种油气藏?(　　)

A. 岩性油气藏　B. 不整合油气藏

C. 构造油气藏　D. 地层油气藏

11. 水动力-背斜油气藏属于何种油气藏?(　　)

A. 岩性油气藏　B. 不整合油气藏

C. 构造油气藏　D. 复合油气藏

12. 地层不整合覆盖油气藏属于何种油气藏?(　　)

A. 岩性油气藏　B. 水动力油气藏

C. 构造油气藏　D. 地层油气藏

13. 地层超覆不整合油气藏具有以下特点(　　　)。
A. 储集层位于不整合面之下
B. 不整合面与储集层相切并遮挡油气
C. 分布在盆地斜坡边缘带、古隆起(凸起)的周缘
D. 储集层位于不整合面之上

14. 砂岩透镜体油气藏(　　　)。
A. 属于岩性油气藏
B. 规模小、厚度薄、含油面积不大
C. 成群成带状分布
D. 油层压力高、原油性质好

15. 背斜型水动力油气藏(　　　)。
A. 由水动力和非渗透性岩层联合封闭
B. 油水界面水平
C. 含油范围与构造等值线平行
D. 构造高点含油气性最好

16. 关于潜山型复合油气田的下列叙述哪个最合理?(　　　)
A. 多于一个潜山型油气藏的集合
B. 单个潜山型油气藏
C. 潜山型油气藏与断裂型油气藏的集合
D. 以潜山型油气藏为特征的各种油气藏的集合

17. 潜山型复合油气田的特点有(　　　)。
A. 深部为潜山
B. 上覆背斜构造
C. 不整合面上伴有砂岩上倾尖灭或地层超覆油藏
D. 不发育断层油藏

18. 盐体刺穿复合油气田一般不发育的油气藏类型有(　　　)。
A. 盐体刺穿接触油气藏　　B. 岩性油气藏
C. 古潜山油气藏　　D. 地层油气藏

19. 酒泉盆地山前背斜油气聚集带属于(　　　)。
A. 构造类油气聚集带　　B. 复合类油气聚集带
C. 刺穿型油气聚集带　　D. 地层类油气聚集带

20. 含油气盆地的一级构造单元包括(　　　)。
A. 坳陷　　B. 凹陷　　C. 隆起　　D. 背斜构造带

21. 断裂带属于含油气盆地的(　　　)。
A. 一级构造单元　　B. 二级构造单元
C. 三级构造单元　　D. 亚一级构造单元

22. 如果以地球动力学为基础进行盆地分类,可以将盆地分为(　　　)。
A. 压陷盆地　　B. 走滑盆地　　C. 巨型盆地　　D. 裂陷盆地

23. 前陆盆地属于(　　)。

A. 裂谷盆地　　B. 走滑盆地　　C. 断陷盆地　　D. 造山带型盆地

24. 渤海湾盆地属于(　　)。

A. 裂谷盆地　　B. 走滑盆地

C. 断陷盆地　　D. 造山带型盆地

25. 松辽盆地属于(　　)。

A. 裂谷盆地　　B. 走滑盆地

C. 前陆盆地　　D. 造山带型盆地

26. 下面的盆地中,哪几个位于我国新疆地区?(　　)

A. 四川盆地　　B. 鄂尔多斯盆地

C. 准噶尔盆地　　D. 塔里木盆地

E. 柴达木盆地

27. 油气分布的“源控论”的含义是(　　)。

A. 有效生油区控制油气分布

B. 面临生油深坳(凹)陷的同生二级构造带是最有利的油气聚集带

C. 断裂控制油气的运移和分布

D. 区域性盖层与主力生烃层系控制油气的纵向分布

5.3 判断题(对者打√,错者打×)

1. 地壳中油气田不是孤立存在的,而是成群成带状分布的。(　　)

2. 非渗透不整合面直接覆盖于储集层之上,且储集层中聚集了油气,即可称为地层超覆不整合油气藏。(　　)

3. 向斜型油气藏一般是水动力油气藏。(　　)

4. 断层具有封闭性是形成断层圈闭的唯一条件。(　　)

5. 松辽盆地属于裂谷型含油气盆地。(　　)

6. 背斜带属于含油气盆地的二级构造单元。(　　)

7. 油气藏是地壳中油气聚集的最小单元。(　　)

8. 区域勘探的主要目的是寻找和发现油气田。(　　)

5.4 填空题

1. 以圈闭成因为主要依据,将油气藏分为________、________、________、________等大类。

2. 构造油气藏是指________________的构造圈闭中的油气聚集。构造运动可以形成各种各样的圈闭,形成的油气藏有______油气藏、______油气藏、______油气藏以及______构造油气藏等。

3. 地层油气藏是指________________________,即与______有关。

4. 断层的封闭机理主要有________、________、______,断层在油气藏形成中的作用有________、________两重性。

5. 断层油气藏是指沿储集层上倾方向受__________遮挡所形成的圈闭中的油气聚集。

6. 形成断层圈闭的基本条件是断层应具有__________作用，此外，该断层必须位于储集层的________方向。背斜油气藏的遮挡物是________________。裂缝性油气藏的油气储集空间和渗滤通道主要为___________。

7. 根据储集层与不整合面的关系，地层油气藏大致可以分为三大类：位于不整合面之上的__________油气藏和位于不整合面之下的__________________油气藏，以及________油气藏。

8. 岩性圈闭是指____________________________________，其中聚集了油气，就成为岩性油气藏。大多数岩性圈闭是沉积环境的直接产物，包括__________、__________圈闭。

9. 油气田指受__________________________________控制的，__________________________的总和。若只有油藏，则称为油田；若只有气藏，则称为气田。

10. 含油气盆地的结构：____________________________________。

11. 含油气盆地的主要一级构造单元有__________，亚一级构造单元有____________，二级构造单元主要有长垣、背斜带、________________、潜山带、超覆带等。

12. 油气勘探过程一般分为三个阶段，依次为区域勘探、______________、________________________。其中，区域勘探的主要任务是了解区域地质及______________________。

5.5 简答、图示分析及讨论题

1. 简述圈闭和油气藏的成因类型及其主要特征。
2. 简述断层油气藏的形成条件。
3. 简述油气藏、油气田、油气聚集带的关系。
4. 简述含油气盆地的主要类型。
5. 简述含油气盆地内油气富集的规律。
6. 简述油气田勘探的主要流程。
7. 图示含油气盆地的基底、周边、沉积盖层，以及一级和亚一级构造单元。
8. 图示说明与不整合有关的油气藏类型。
9. 请指出图5-1中油藏的数目及其具体类型。

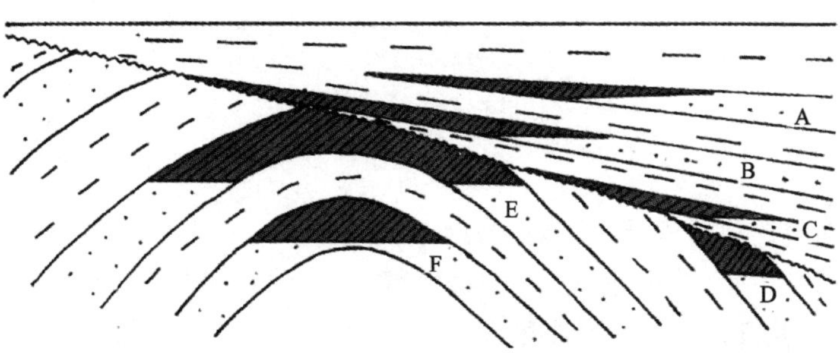

图5-1 油气藏剖面图

10. 根据图5-2中油气藏序号，写出各油气藏的具体类型。

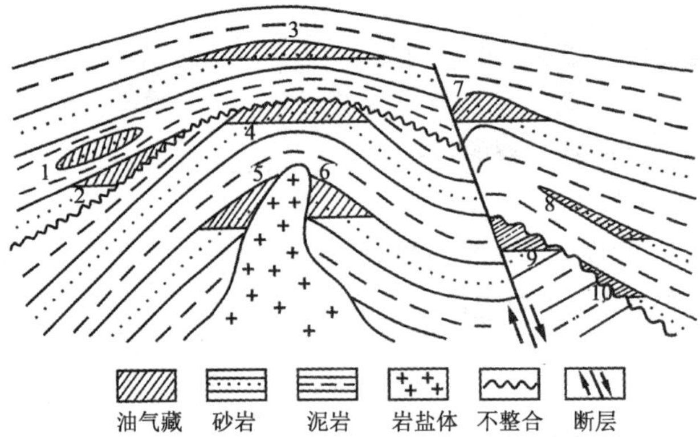

图 5-2　某油田地质剖面图

11. 论述断层在油气二次运移、聚集成藏及油气藏破坏中的作用。

12. 以渤海湾盆地为例，阐述油气富集规律。

13. 图 5-3 为松辽盆地地质剖面图，调研、分析该盆地油气富集规律，讨论未来的油气勘探领域。

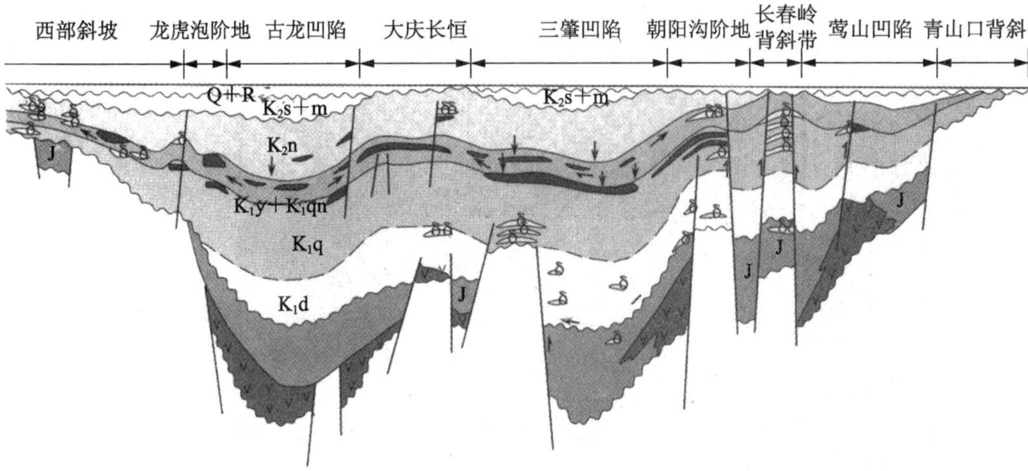

图 5-3　松辽盆地地质剖面图

5.6　案例分析

1. 案例 1

(1) 资料。

图 5-4 为某储集层顶面构造图，储集层最大厚度为 20 m，上覆巨厚泥岩层；NW 向断层断距大于 50 m。1 井为油气井，钻遇含气厚度（铅直）5 m，含油厚度 10 m；2 井为水井；3 井为油井，钻遇含油厚度 15 m；4 井为油井，钻遇含油厚度 5 m。该区处于静水压力条件。

(2) 要求。

① 确定圈闭的数目，标出各圈闭溢出点的位置，求出各圈闭的闭合高度，画出闭合范围。

② 确定油藏的数目，求出各油藏的油水界面和油藏高度，并画出含油范围。

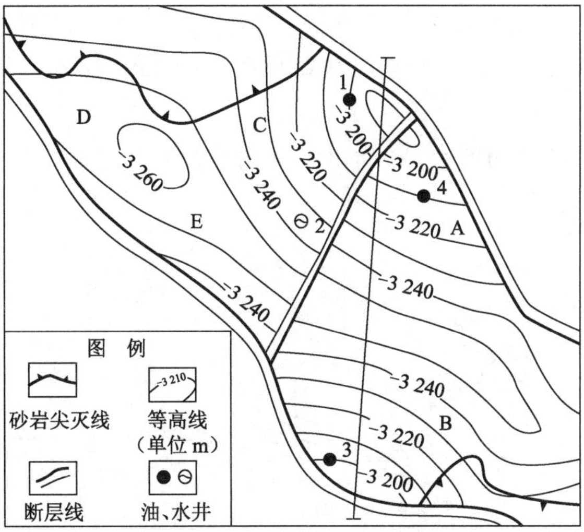

图 5-4　某储集层顶面构造图

2. 案例 2

(1) 资料。

图 5-5 为某油层顶面构造图，该油层为一巨厚砂岩层，储集层本身连通性很好，砂岩层上覆巨厚泥岩层。各油井中水距油层顶面的高度分别为：1 井，20 m；2 井，10 m；3 井，20 m；4 井，10 m。

(2) 要求。

① 确定圈闭的数目，标出各圈闭溢出点的位置，求出各圈闭的闭合高度，画出闭合范围。

② 确定油藏的数目，求出各油藏的油水界面和油藏高度，并画出含油范围。

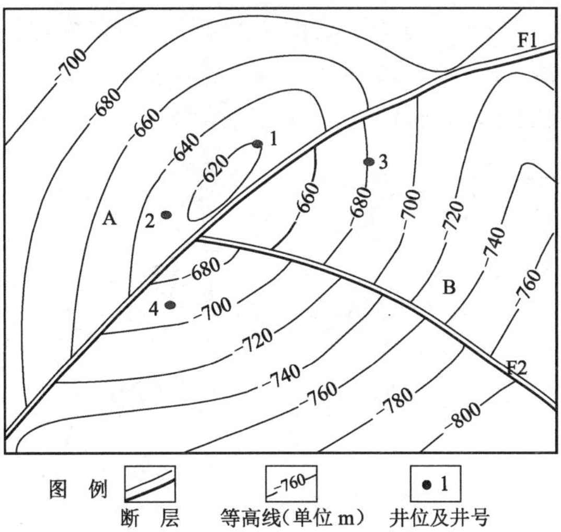

图 5-5　某油层顶面构造图

3. 案例 3

(1) 资料。

图 5-6 为某油田 H 油层顶面构造图，储集层厚 60 m，上、下发育有巨厚的非渗透性泥

岩。钻井结果表明，1 号井油水界面距储集层顶 20 m，2 号井油水界面距储集层顶 40 m，3 号井油水界面距储集层顶 10 m，4 号井油水界面距储集层顶 20 m，5 号井为水井。

(2) 要求。

确定圈闭的数目及各圈闭的类型，标出各圈闭溢出点位置；按图例要求，在图中标明油藏含油范围、圈闭闭合范围。

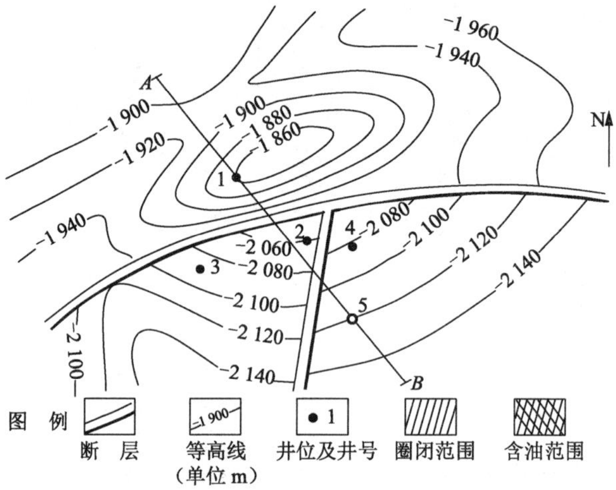

图 5-6　某油田 H 油层顶面构造图

4. 案例 4

(1) 资料。

图 5-7 为我国东部渤海湾盆地黄骅坳陷歧口凹陷埕北断阶带地质剖面图。该盆地为新生界断陷盆地，盆地基底为古生界及中生界，包括奥陶系(O)、石炭—二叠系(C—P)、侏罗—白垩系(J—K)，沉积盖层有古近系(E)孔店组、沙河街组、东营组，新近系(N)馆陶组及明化镇组。沙河街组又分为沙三段、沙二段和沙一段。古近系发育富含有机质的深灰色泥岩及页岩，夹有透镜状或薄层状砂岩，新近系砂岩较发育，泥岩颜色为灰黄色、紫红色等。

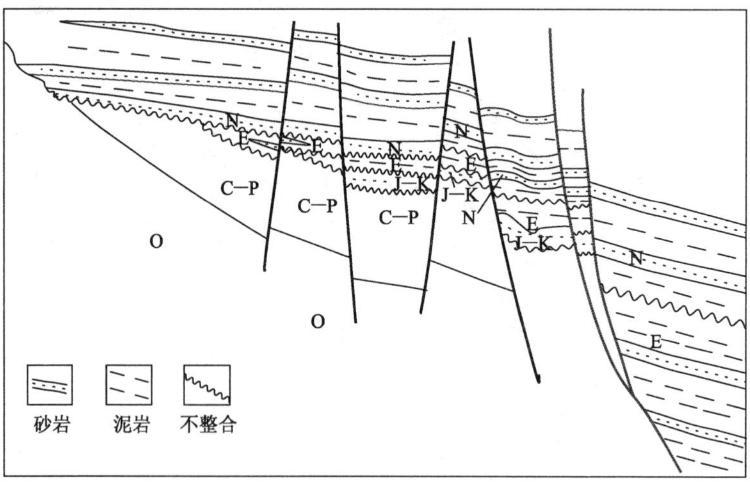

图 5-7　埕北断阶带地质剖面图

(2) 要求。

识别图中潜在的烃源岩、储集层、盖层、圈闭、运移通道，分析其能否形成油气藏，并简述各自的特征。

5. 案例 5

(1) 资料。

如图 5-8 所示研究区发育 A、B、C、D、E、F、G 七套地层，A 层以富含有机质的深灰色泥岩为主，夹有透镜状粉砂岩薄层；B 层为灰色灰岩、泥岩及粉砂岩不等厚互层；C 层和 E 层为中细砂岩，低角度交错层理发育；D 层为浅灰色粉砂质泥岩；F 层为浅灰、灰黄色泥岩；G 层底部凹凸不平，发育紫色砂岩及泥岩。

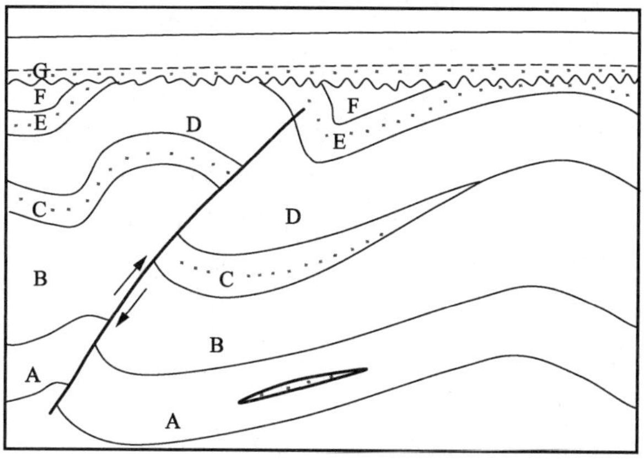

图 5-8 某研究区地质剖面图

(2) 要求。

识别图中潜在的烃源岩、储集层、盖层、圈闭、运移通道，分析其能否形成油气藏，并简述各自的特征。

参考答案

5.1 名词解释

1. 构造油气藏：地壳运动使地层发生变形或变位而形成的构造圈闭中的油气聚集。

2. 地层油气藏：与地层不整合面有关的圈闭中的油气聚集。

3. 岩性油气藏：由于储集层的岩性或物性横向变化而形成的圈闭中的油气聚集。

4. 水动力油气藏：由水动力或和非渗透性岩层联合封闭而形成的圈闭中的油气聚集。

5. 复合油气藏：构造、地层、水动力等两种或两种以上的因素同时起封闭作用而形成的圈闭，称为复合圈闭，在其中形成的油气藏称为复合油气藏。

6. 背斜油气藏：在构造作用下，地层发生弯曲变形，储集层上方为非渗透性盖层所封闭，形成背斜圈闭，其中聚集了油气即形成背斜油气藏。

7. 断层油气藏:沿储集层上倾方向受封闭性断层遮挡所形成的圈闭中的油气聚集。

8. 潜山油气藏:地层不整合面之下的剥蚀古突起形成的圈闭中的油气聚集。

9. 油气田:受局部构造、地层、岩性因素控制的,同一产油面积上的油气藏的总和。

10. 复合型油气田:在油气田范围内不同层位和深度的油气藏不是受单一(或占优势)构造或地层因素所控制,而是受构造、地层等因素复合构成的综合地质体所控制的油气田。

11. 油气聚集带:受同一个二级构造单元控制的、具有相似地质构造特征和油气聚集条件的一系列油气田的总和。

12. 沉积盆地:某段地质历史时期,地壳上曾不断下沉接受沉积,沉积物厚度明显大于周缘地区的洼陷区域。

13. 含油气盆地:地壳上具有统一地质发展史,长期以沉降为主,发生过油气生成、运移、聚集过程,并存在工业性油气藏的沉积盆地。

5.2 选择题

1. C　2. AB　3. ABC　4. C　5. C　6. ABCD　7. A　8. B　9. C　10. A　11. D
12. D　13. BCD　14. ABCD　15. A　16. D　17. ABC　18. C　19. A　20. AC
21. B　22. ABD　23. D　24. AC　25. A　26. CD　27. ABCD

5.3 判断题

1. √　2. ×　3. √　4. ×　5. √　6. √　7. √　8. ×

5.4 填空题

1. 构造油气藏,地层油气藏,岩性油气藏,水动力油气藏;
2. 地壳运动使地层发生变形或变位而形成,背斜,断层,岩体刺穿,裂缝性;
3. 与地层不整合面有关的圈闭中的油气聚集,不整合;
4. 岩性对置,断层面的排替压力,应力,封闭,开启;
5. 封闭性断层;
6. 封闭,上倾,盖层本身的弯曲,裂缝或溶洞;
7. 地层超覆,地层不整合遮挡,古潜山;
8. 储集层的岩性或物性横向变化而形成的圈闭,透镜体,岩性上倾尖灭;
9. 局部构造、地层、岩性因素,同一产油面积上的油气藏的总和;
10. 基底、周边、沉积盖层;
11. 隆起、凹陷、斜坡,凸起、凹陷、斜坡,断裂带;
12. 圈闭预探,油气田评价勘探,优选出有利二级构造带(或含油气区带)。

5.5 简答、图示分析及讨论题

1. 答:圈闭和油气藏的成因类型有构造型、地层型、岩性型、水动力型、复合型。

2. 答:断层位于储集层的上倾方向,断层线与储集层构造等高线构成闭合状态,断层封闭或断层两侧的渗透性岩层不直接接触。

3. 答:油气藏是地壳上油气聚集的基本单元。受单一局部构造控制的同一面积内若干个油气藏可组成一个油气田。油气田不是孤立存在的,常受一定地质条件限制成群成带状出现,构成油气聚集带。

4. 答:以板块构造学说分类,分为裂谷环境盆地和造山环境盆地;以地球动力学为基础,将含油气盆地划为裂陷盆地、压陷盆地和走滑盆地三大类 12 种类型。

5. 答:(1) 烃源岩和生排烃中心控制油气的分布;(2) 邻近生油深坳(凹)陷的二级构造带是最有利的油气聚集带;(3) 局部构造和沉积相带控制油气分布;(4) 断裂控制油气的运移和分布;(5) 区域性盖层与主力生烃层系控制油气的纵向分布。

6. 答:区域勘探、圈闭预探、油气田(藏)评价勘探。

7. 略。

8. 答:位于不整合面之下的地层不整合覆盖(遮挡)油气藏;位于不整合面之上的地层超覆油气藏。图示略。

9. A 为岩性上倾尖灭油气藏,B、C 为位于不整合面之上的地层超覆油气藏,D、E 为位于不整合面之下的地层不整合覆盖油气藏,F 为背斜油气藏。

10. 油气藏类型见表 5-1。

表 5-1 油气藏类型

序 号	油气藏类型	序 号	油气藏类型
1	岩性透镜体油气藏	6	岩体刺穿接触油气藏
2	地层超覆油气藏	7	断层油气藏
3	背斜油气藏	8	岩性上倾尖灭油气藏
4	地层不整合遮挡油气藏	9	地层不整合遮挡油气藏
5	岩体刺穿接触油气藏	10	地层超覆油气藏

11. 答:断层为油气二次运移的通道,生长性断层下降盘控制生油凹陷的形成,控制形成多类型的储集体,控制储油圈闭的发育。油气藏形成之后发育的断层会对油气藏起到破坏作用。

12. 同简答题 5。

13. 上部是坳陷型盆地,下部为断陷型盆地,二者油气富集规律有差异。

未来的勘探领域:深层有机成因油气及无机成因气。

5.6 案例分析

1. 案例 1

① 5 个圈闭,各圈闭闭合高度:A 为 50 m,B 为 40 m,C 为60 m,D 为 5 m,E 为 20 m;

② 钻遇 3 个油藏,油水界面标高及油藏高度:A 分别为 −3 215 m 和 30 m,B 分别为 −3 215 m和 20 m,C 分别为 −3 220 m 和 25 m。图略。

2. 案例 2

① 3 井和 4 井的油水界面标高一样,断层 F2 为开启性断层;

2 个圈闭,溢出点标高及闭合高度:A 圈闭分别为 −670 m 和 60 m,B 圈闭分别为

－710 m和60 m；

② 2个油藏，油水界面标高及油藏高度：A油藏分别为－640 m和30 m，B油藏分别为－700 m和50 m。图略。

3. 案例3

2、3井和4井的油水界面标高一样，南北向断层为开启性断层，2个圈闭。上部A圈闭为背斜圈闭，溢出点高程为－1 910 m；下部B圈闭为断层圈闭，溢出点高程为－2 120 m。图略。

4. 案例4

潜在的烃源岩：古近系富含有机质的深灰色泥岩和页岩，主要分布在右侧断层下降盘。

储集层：主要有古近系透镜状或薄层状砂岩、新近系砂岩储集层。

盖层：新近系泥岩为区域性盖层，古近系泥页岩可以作为局部性盖层。

圈闭：发育有岩性圈闭、断层圈闭、地层圈闭等类型。

运移通道：包括断层、不整合、砂体及其组合。

图中具有良好的成藏条件，可以形成不同类型的常规油气藏，在右侧断层下降盘，古近系烃源岩发育层段还有可能发育页岩油或页岩气藏。

5. 案例5

潜在的烃源岩：A层富含有机质的深灰色泥岩。

储集层：包括A层中的透镜状粉砂岩层、C层中细砂岩等，G层中的砂岩也可以作为潜在的储集层。

盖层：B层、D层为图中的区域性盖层，G层中的泥岩可以作为局部性盖层。

圈闭：A层中的砂岩透镜体岩性圈闭，C层中的断层圈闭、背斜-断层复合型圈闭、超覆型地层圈闭，G层中可能会发育岩性圈闭。

运移通道：断层、砂体、不整合及其组合。

图中具备良好的油气成藏条件，可以形成油气藏。除了常规油气藏，A层还有可能发育页岩油或页岩气藏。

第 6 章　钻井地质设计与地质录井

6.1　名词解释

1. 参数井

2. 预探井

3. 评价井

4. 定向井

5. 井斜方位角

6. 录井

7. 钻时

8. 岩芯综合录井图

9. 井深校正

10. 岩芯归位

11. 岩屑迟到时间

12. 气测录井

13. 钻井液录井

6.2 选择题(有一个或多个正确答案)

1. 评价井是在(　　)上以进一步查明油气藏为目的所部署的探井。

A. 有利局部构造

B. 有利二级构造带

C. 已经证实具有工业性油气的区块

D. 已获得工业性油气流的圈闭

2. 关于预探井的解释,正确的有(　　)。

A. 在油气勘探的圈闭预探阶段

B. 以局部圈闭、新层系或构造带为对象

C. 以发现油气藏、计算控制储量和预测储量为目的

D. 预探井分为新油气田预探井和新油气藏预探井

3. 胶参 2 井属于(　　)。

A. 地质井　　B. 参数井　　C. 预探井　　D. 评价井

4. 永 2 井和永 920 井分别属于(　　)。

A. 预探井和预探井　　B. 参数井和预探井

C. 预探井和评价井　　D. 评价井和预探井

5. 孤东 7-25-234 井和海上 LD28-7-1 井分别属于(　　)。

A. 开发井和预探井　　B. 开发井和开发井

C. 预探井和评价井　　D. 评价井和预探井

6. 评价井以(　　)命名,一般采用 3 位阿拉伯数字。

A. 油气藏　　B. 凹陷　　C. 二级构造带　　D. 油气聚集带

7. 定向井Ⅰ型井身剖面为浅造斜、单弯型,适合于(　　)。

A. 中深井和要求大水平位移的深井钻井

B. 有复杂问题时的钻井

C. 井斜角大、水平位移小

D. 盐丘

8. 适合钻定向井的油气藏有(　　)。

A. 水平排列不整合型　　B. 雁列式断层型

C. 盐丘型　　D. 裂缝型

9. 松软地层比坚硬地层钻时低,疏松砂岩比致密砂岩钻时(　　),多孔的碳酸盐岩比致密石灰岩、白云岩钻时(　　)。

A. 高,低　　B. 高,高　　C. 低,低　　D. 低,高

10. 在同一岩层中,钻压大、转速快、钻井液排量大时,钻头的破岩效率(　　),钻时就(　　)。

A. 高,低　　B. 高,高　　C. 低,低　　D. 低,高

11. 碎屑岩岩芯含油级别按新鲜面的含油面积、含油饱满程度、颜色、油脂感分为 6 级,其中含油面积为 5%～40%,含油部分呈斑状、条带状,含油级别为(　　)。

A. 含油　　B. 油浸　　C. 油斑　　D. 油迹

12. 特殊岩性法计算的岩屑迟到时间是指(　　)。

A. 钻遇时间与其返出时间之差

B. 利用大段单一岩性中的特殊岩性

C. 从井底返至井口的时间

D. 钻遇时间

13. 气测录井中,油层的特征是(　　)。

A. 总烃高、重烃高　　B. 总烃高、重烃低

C. 无显示　　D. 总烃低、重烃低

14. 钻穿高压油气层时,钻井液性能发生的变化包括(　　)。

A. 不变化　　B. 密度降低　　C. 黏度增加　　D. 黏度降低

15. 方钻杆下入钻盘面的深度为(　　)。

A. 方入　　B. 方余　　C. 补心高　　D. 补心海拔

16. 在钻井过程中,如果井下出现钻井液漏失现象,可能预示着钻遇(　　)。

A. 致密粉砂岩　　B. 高压异常带

C. 暗色生油岩　　D. 断层

6.3 判断题(对者打√,错者打×)

1. 参数井与基准井同属于盆地(坳陷)进行区域早期评价的探井。(　　)

2. 预探井属于新油气藏或新油气田的发现井。(　　)

3. 孤东 7-25-234 井和海上 BZ28-7-1 井属于同一类型的井。(　　)

4. 钻进低压油气水层及漏失层时,需要高黏度、高切力,但要降低钻井液的相对密度,以免发生井漏。(　　)

5. 钻时是每钻进一定厚度的岩层所需要的时间,其他影响因素不变时,钻时大小可以反映岩性的变化。(　　)

6. 当钻遇气层时,气测录井的重烃含量和全烃含量都升高。(　　)

7. 当钻遇油层时,气测录井的重烃含量和全烃含量都降低。(　　)

8. 绘制岩芯录井草图需要岩芯归位,当取芯收获率小于 100%时,自每次取芯下界自下而上填,绘制长度必须与取芯井段一致。(　　)

9. 岩屑迟到时间等于岩屑从井口到井底,再从井底返到井口所需的时间。(　　)

10. 在钻井过程中,钻井液的失水量越大,则泥饼越厚,对油层和井壁的保护越有利。(　　)

11. 在岩芯录井草图中绘制岩芯剖面时,当取芯收获率大于 100%时,自每次取芯上界自上而下填,绘制长度必须与取芯井段一致。(　　)

12. 评价井是指在有利的三级构造上,以发现油气藏、计算预测储量为目的而钻的探井。(　　)

13. 海上探井的编号与陆上探井类似,每个圈闭上的 1、2 号井为预探井,大于 10 号的井为评价井。(　　)

14. 新设计井的钻遇目的层顶界深度为 2 200 m,如果目的层厚 50 m,该井的设计深度为 2 250 m。(　　)

15. 低黏度、低相对密度、大排量的钻井液钻进快，钻时低。（　　）

16. 开发阶段的开发井不取芯。（　　）

17. 钻井过程中，钻时只受岩性控制。（　　）

18. 丈量“顶、底空”的目的在于岩芯归位时判断岩芯所处深度。（　　）

19. 岩芯编号 $3\frac{5}{10}$，表示第 3 次取芯中共有 10 块岩芯，此块为第 5 块。（　　）

20. 岩芯收获率(η)一般小于 100%，$\eta=100\%$为连根割芯，$\eta>100\%$为余芯被套上取出。（　　）

21. 滴水实验中，滴水即渗一般为水层。（　　）

22. 钻井液和岩屑的迟到时间完全一样。（　　）

23. 气测录井中，气层的特征是总烃高、重烃高。（　　）

24. 钻遇淡水层时，钻井液的黏度、密度及切力均降低。（　　）

25. 井深是指垂直深度，即井口至井筒中某一测点的垂直深度。（　　）

26. 钻进中，高压油气水层或黏土层都会影响钻井液的基本性能。（　　）

6.4 填空题

1. 依据勘探阶段、勘探程序、钻探目的，我国的探井主要分为地质井、________、________、________、________。

2. 地质井是指在盆地________阶段，为了确定构造位置、形态和查明地层层序及接触关系而钻的井。

3. 参数井(地层探井、区域探井)指在油气________阶段，在已完成了地质普查或物探普查的盆地或坳陷内，为了解一级构造单元的区域地层层序以及生油层、储集层和盖层条件等，并为________提供参数而钻的探井。它与基准井同属于盆地早期评价的探井。

4. 预探井指在油气勘探的________阶段，在地震详查的基础上，以________、新层系或构造带为对象，以________、计算控制储量和预测储量为目的而钻的探井。按其钻井目的又可将预探井分为________预探井、________预探井。

5. 评价井指在地震精查的基础上，在________圈闭上，为查明油气藏类型、构造形态、油气层厚度及物性变化，评价油气田的规模、产能及经济价值，计算________储量而钻的井。

6. 油气勘探过程一般分为三个阶段，依次为区域勘探(A)、________(B)、________(C)。A 阶段的钻井类型主要为________，B 阶段的钻井类型主要为________。

7. 营 121 井和海上 BZ28-7-1 井的井别分别为________、________，对应的勘探阶段分别为________、________。

8. 请注明下列井的井别：泉 4 井为________，胶参 2 井为________，芳 221 井为________，孤东 7-30-295 井为________；海上：CB-B-28 井为________，BZ28-7-1 井为________，BZ28-7-2 井为________。

9. 常用的地质录井方法主要有________、________、岩屑录井、________和________五种。

10. 钻时是指____________________。影响钻时的因素主要有________、__________与新旧程度、钻井措施与方式、钻井液性能与排量、人为因素的影响等。

11. 迟到时间是指__________________。常用于测定迟到时间的方法有理论计算法、____________、____________。

12."假岩芯"一般出现于岩芯筒的________，可能为__________、余芯碎块、泥饼等。

13. 岩芯归位工作中首先要校正井深，找出__________和____________之间的深度差值，以__________为准，确定剖面上提或下放数值。

14. 岩芯编号 $6\frac{10}{28}$中，6 代表________，28 表示__________，10 表示______________。

15. 钻井过程中，钻遇油层时，钻井液的相对密度________，黏度______，切力略增。

16. 钻进中影响钻井液性能的地质因素主要有________________、________、__________、__________四种。

17. 钻穿高压油气层时，油气侵入钻井液，造成钻井液密度________、黏度________；钻遇黏土层或页岩层时，地层造浆，使得钻井液密度________、黏度升高。

18. 含油实验之一是用滴管滴一滴水在含油岩芯平整的新鲜面上，观察水滴的形状和渗入速度，以其在 1 min 之内的变化为准分为四级：________、________、________、珠状。其中，水滴不渗而呈圆珠状且浸润角大于 90°的属于__________层。

19. 钻遇淡水层时，钻井液密度、黏度和切力均________，失水量________；钻遇黏土层或页岩层时，地层造浆，使得钻井液密度________、黏度增大。

20. 气测录井是直接测定钻井液中的__________及__________的一种录井方法。若为油层，气测曲线上全烃和重烃曲线同时__________，两条曲线幅度差__________。

21. 表层套管安装至井口，主要用于防止________________、防喷，支撑技术套管与________部分重量；技术套管主要用于封隔__________________________，保证钻井工程顺利进行。

6.5　简答、图示分析及讨论题

1. 井的类别有哪些？它们分别用于解决哪些地质问题？
2. 简述井号的基本命名原则。
3. 钻井地质设计的作用是什么？主要内容是什么？
4. 何谓定向井？图示说明其井身剖面类型。
5. 怎样进行定向井的地质设计？
6. 如何开展取芯资料的整理？
7. 通过岩芯录井及岩芯分析可获得哪些资料及信息？
8. 简述岩芯描述的主要内容。
9. 如何计算岩屑迟到时间？
10. 如何开展岩屑的描述？可获得哪些地质信息？
11. 钻井液录井中，钻遇油气水显示时应收集的资料有哪些？
12. 钻井过程中影响钻井液性能的地质因素有哪些？
13. 影响钻时变化的主要因素有哪些？

14. 简述荧光录井的基本原理和方法。

15. 如何依据气测录井判断油气水层?

16. 何谓完井方式? 常规的完井方式有哪些?

17. 在岩芯录井及岩屑录井中,如何确定岩芯及岩屑深度?

18. 简述井深的含义,标注出图 6-1 中①、②、③的具体名称及含义。

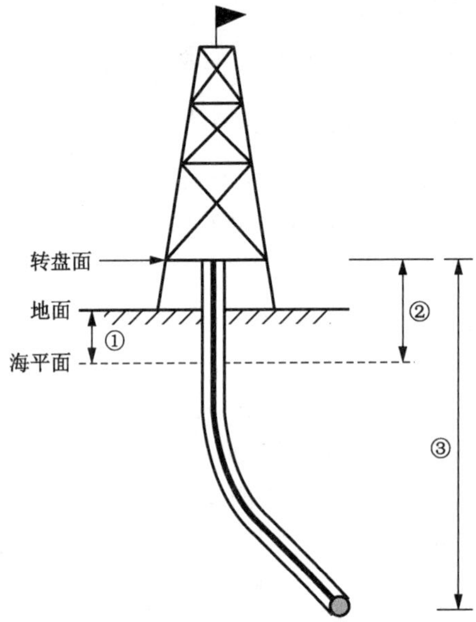

图 6-1　钻井井深示意图

19. 几种常规地质录井在油气田勘探开发中的作用有哪些?

20. 讨论如何进行录井岩性剖面的综合解释。

6.6　案例分析

1. 案例 1

(1) 资料。

图 6-2 为大庆油田 WS1 井录井综合柱状图。

A 段,WS1 井于 2003 年 3 月 17 日 21:45～22:00,钻进至井深 2 985.6～ 2 987.0 m(迟到井深 2 984.40～2 984.80 m)时,气测全烃组分开始缓慢抬升,全烃含量由 3.969%增至 10.692%,C_1 含量由 2.682%增至 7.797%;出口密度、出口电导率呈缓慢下降趋势,出口密度由 0.90 g/cm^3 降到 0.89 g/cm^3,出口电导率由 0.40 S/m 降到 0.39 S/m;钻井液总体积呈上升态势,由 243.0 m^3 升到 244.1 m^3;钻时由 14.7 min/m 降到 12.0 min/m。

B 段,22:15～22:20 钻进到井深 2 989.30～2 989.90 m(迟到井深 2 984.9～2 985.4 m)时,全烃含量由 10.2%增至 58.34%,C_1 含量由 9.648%增至 56.695%,出口流量由 17.1%升到 37.2%,出口密度由 0.89 g/cm^3 降到 0.80 g/cm^3,出口温度由 43.7 ℃降到 43.4 ℃,出口电导率由 0.390 S/m 降到 0.335 S/m,钻井液总体积由 243.1 m^3 升到 246.5 m^3,钻时加快,2 988.00 m 钻时最低为 6.1 min/m。

22:30 钻进到 2 990.63 m(迟到井深 2 986.50 m)时钻井队决定将正常循环流程改为欠

平衡循环流程，22：35 完成欠平衡循环流程转换。如图 6-2 所示，22：43 迟到井深 2 987.80 m，全烃含量达到 95%左右，C_1 含量达到 80%左右，出口密度降到 0.71 g/cm^3，出口温度降到 41.2 ℃，电导率降到 39 S/m，钻井液总体积上升到 250.2 m^3；22：44 于迟到井深 2 988.00 m 在燃管线排放口一次点火成功。

（2）要求。

① 分析 A、B、C 三段的油气显示类型。

② 分析图中钻时录井和气测录井的特点。

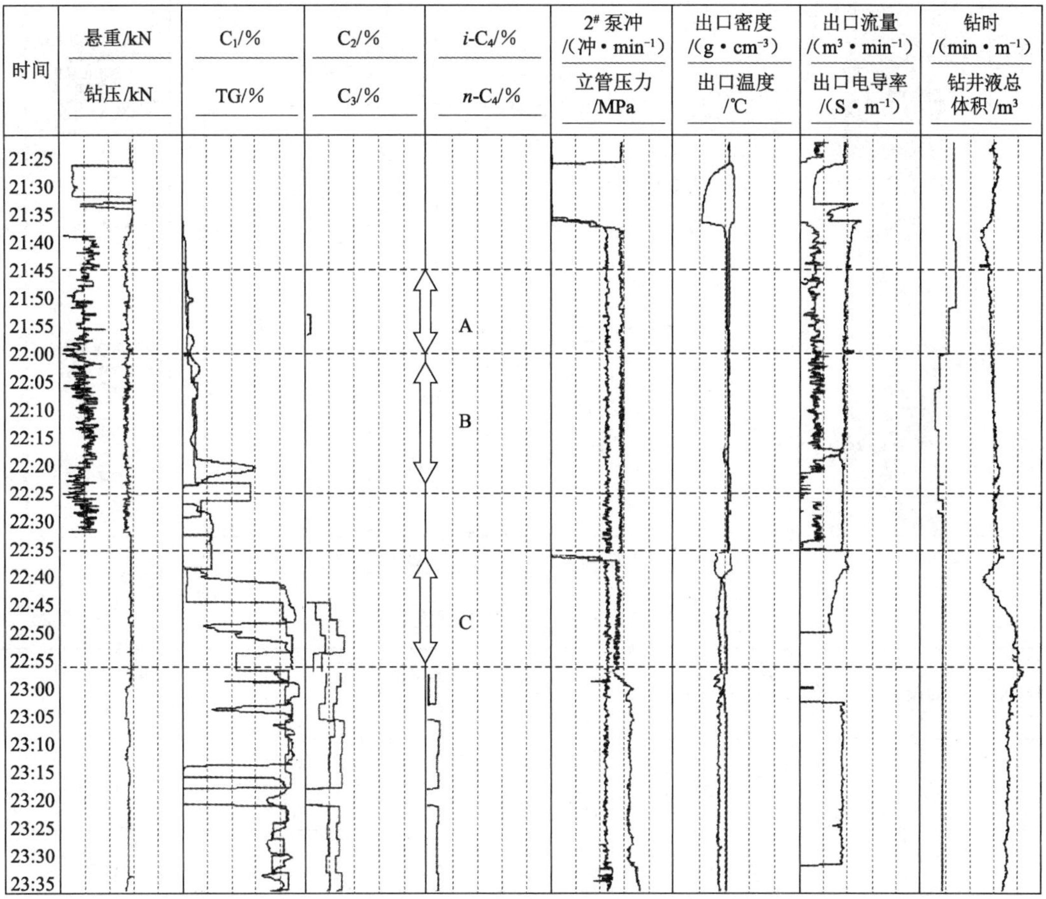

图 6-2　WS1 井录井综合柱状图

2. 案例 2

（1）资料。

图 6-3 为川东北 MB1 井三叠系飞仙关组气测综合柱状图，表 6-1 为 MB1 井气测数据统计表。

（2）要求。

根据气测及钻时等录井特征，分析各层的油气水层类型。

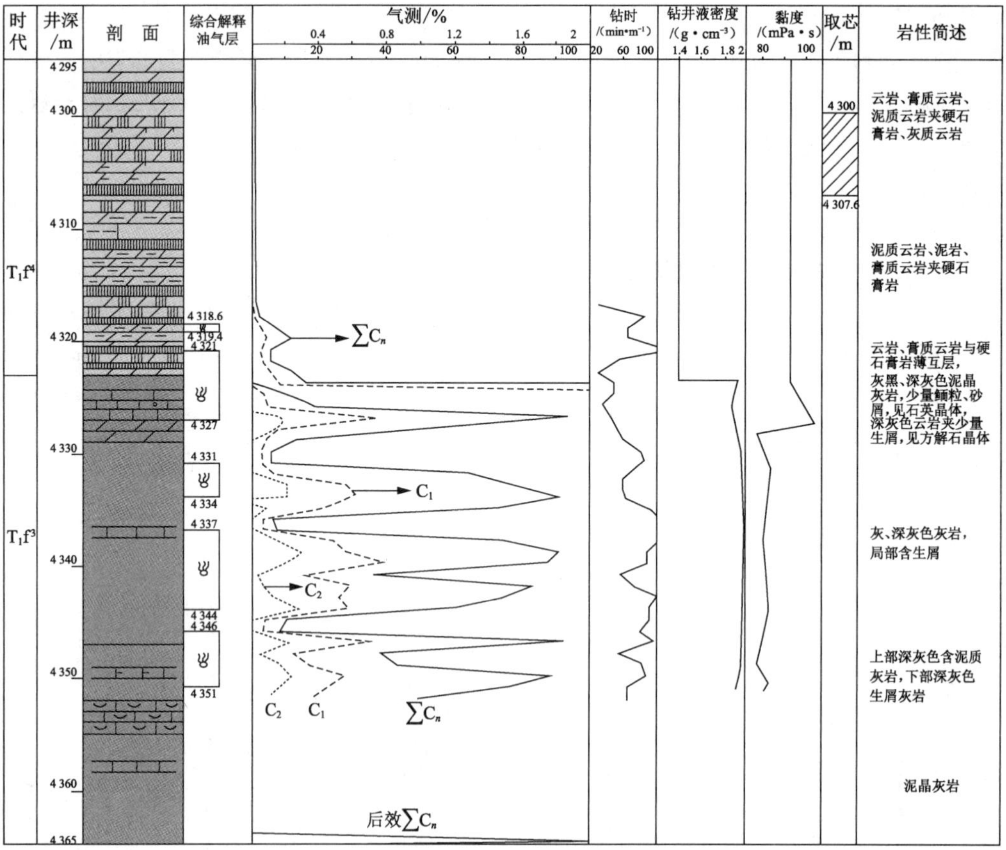

图 6-3　MB1 井三叠系飞仙关组气测综合柱状图

表 6-1　MB1 井气测数据统计表

层号	井段/m	总烃含量/%			烃组分含量/%					钻时/(min·m^{-1})	解释
		最大	一般	基值	C_1	C_2	C_3	i-C_4	n-C_4		
1	4 318.60～4 319.40	0.225	0.040	0.025	0.082	0.007	0	0	0	73↓66	
					92.130	7.870	0	0	0		
2	4 321.00～4 322.78	0.240	0.108	0.103	0.116	0.010	0.002	0	0	105↓55	
					90.630	7.810	1.560	0	0		
3	4 324.00～4 327.00	93.750	19.142	0.318	36.667	0.184	0.016	0.006	0.001	48↓31	
					99.440	0.500	0.040	0.020	0		
4	4 331.00～4 333.00	87.891	63.282	5.079	27.488	0.203	0.016	0.009	0.010	81↓56	
					99.140	0.730	0.060	0.030	0.040		
5	4 337.00～4 344.00	87.500	74.610	6.641	28.266	0.273	0.030	0.018	0.002	116↓68	
					98.870	0.950	0.100	0.060	0.010		
6	4 349.00～4 351.00	87.500	75.001	37.792	26.890	0.222	0.090	0.006	0.014	78↓60	
					98.780	0.820	0.330	0.020	0.050		

注：↓表示下降。

3. 案例 3

(1) 资料。

该案例为塔里木盆地 DX1 井，主要目的层系为侏罗系阿合组，录井信息(图 6-4)如下。

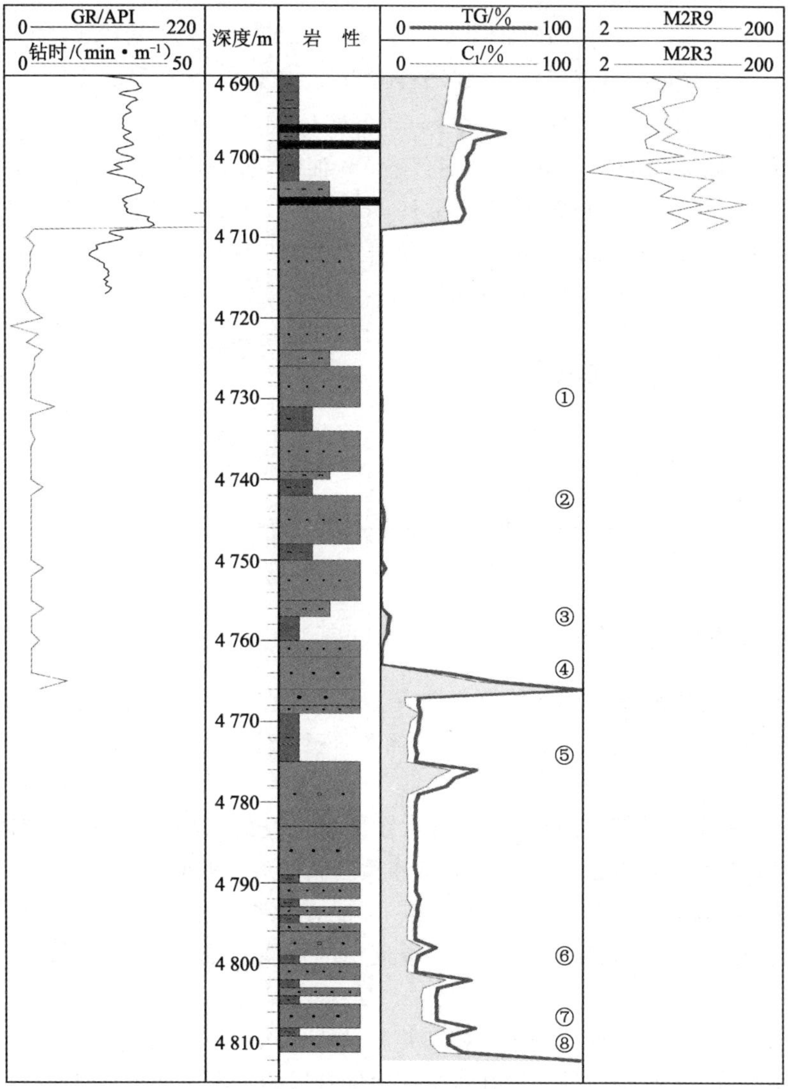

图 6-4 DX1 井随钻录井图

根据录井资料，4 706 m 进入目的层阿合组，以下为部分层系的气测显示情况。

井段 4 734.5～4 755.5 m，砂岩厚度为 15.0 m，岩性为浅灰色细砂岩、含砾中砂岩，钻时为 7～10 min/m。

井段 4 760.5～4 786.5 m，岩性为浅灰色中砂岩、粗砂岩、细砂岩，灰色粉砂岩，钻时为 2～20 min/m。

井段 4 791.5～4 792.5 m，砂岩厚度为 1.0 m，岩性为浅灰色细砂岩。

① 4 729～4 730 m，TG0.03% ↑ 0.60%，$C_1$0.002 1% ↑ 0.329 6%。

② 4 742～4 745 m，TG0.06% ↑ 1.65%，$C_1$0.002 9% ↑ 0.894 4%。

③ 4 756～4 757 m，TG0.55%↑4.87%，$C_1$0.138 5%↑3.865 9%。

④ 4 762～4 766 m，TG0.38%↑33.72%↑99.14%，$C_1$0.335 9%↑26.036 6%↑92.814 9%(4 764.64 m时卡钻)。

⑤ 4 775～4 776 m，TG17.49%↑47.57%，$C_1$13.298 0%↑34.792 8%。

⑥ 4 801～4 802 m，TG17.46%↑44.12%，$C_1$13.197 2%↑32.212 1%。

⑦ 4 807～4 808 m，TG27.74%↑46.98%，$C_1$20.403 8%↑32.154 2%。

⑧ 4 810.00～4 811.38，TG33.50%↑99.12%，$C_1$24.708 8%↑91.298 9%。

测试情况：井段4 708～4 766 m，气层，10 mm油嘴，折日产气45 204 m^3；8 mm油嘴，折日产气33 930 m^3；6 mm油嘴，折日产气19 665 m^3；3 mm油嘴，折日产气16 920 m^3。

井段4 708～4 811.38 m，10 mm油嘴，折日产气589 861 m^3，折日产油69.6 m^3；8 mm油嘴，折日产气386 975 m^3，折日产油42.74 m^3。

(2) 要求。

解释②和④层油气水的特征。

参考答案

6.1 名词解释

1. 参数井：在油气区域勘探阶段，在已完成了地质普查或物探普查的盆地或坳陷内，为了解一级构造单元的区域地层层序以及生油、储油和盖层条件等，并为物探解释提供参数而钻的探井。

2. 预探井：在油气勘探的圈闭预探阶段，在地震详查的基础上，以局部圈闭、新层系或构造带为对象，以发现油气藏、计算控制储量和预测储量为目的而钻的井。

3. 评价井：在地震精查的基础上，在已获得工业性油气流的圈闭上，为查明油气藏类型、构造形态、油气层厚度及物性变化，评价油气田的规模、产能及经济价值，计算探明储量而钻的井。

4. 定向井：按照预先设计的井斜方位和井眼轴线形状所钻的井。

5. 井斜方位角：井眼轴线的切线在水平面上的投影与正北方向之间的夹角。

6. 录井：应用地球化学、地球物理、岩矿分析等方法，分析、观察、记录随钻过程中的固体、液体、气体返出物，以建立地下地质剖面的过程。

7. 钻时：每钻进一定厚度的岩层所需要的时间，单位为min/m。

8. 岩芯综合录井图：反映钻井取芯井段的岩性、含油性、电性和物性的一种综合图件。

9. 井深校正：钻杆深度要符合电缆深度。

10. 岩芯归位：恢复岩芯的原来位置。

11. 岩屑迟到时间：岩屑从井底返至井口所需要的时间。

12. 气测录井：通过测量钻井液中的天然气的组分和含量，判断流体性质，评价储层。

13. 钻井液录井：根据钻井液性能的变化及槽面显示，判断井下是否钻遇油、气、水层及特殊岩性的录井方法。

6.2 选择题

1. CD　2. ABCD　3. B　4. C　5. A　6. A　7. A　8. ABCD　9. C　10. A　11. C
12. ABC　13. A　14. BC　15. A　16. D

6.3 判断题

1. √　2. √　3. ×　4. √　5. √　6. ×　7. ×　8. ×　9. ×　10. ×　11. ×
12. ×　13. ×　14. ×　15. ×　16. ×　17. ×　18. √　19. √　20. √　21. √
22. ×　23. ×　24. √　25. ×　26. √

6.4 填空题

1. 参数井，预探井，评价井，水文井；
2. 普查；
3. 区域勘探，物探解释；
4. 圈闭预探，局部圈闭，发现油气藏，新油气田，新油气藏；
5. 已获得工业性油气流的，探明；
6. 圈闭预探，油气田(藏)评价勘探，参数井，预探井；
7. 评价井，海上油田预探井，油气藏评价勘探阶段，圈闭预探阶段；
8. 预探井，参数井，评价井，开发井，海上油田开发井，海上油田预探井，海上油田评价井；
9. 钻时录井，岩芯录井，钻井液录井，气测录井；
10. 每钻进一定厚度的岩层所需要的时间，岩性，钻头类型；
11. 岩屑从井底返至井口的时间，实物测定法，特殊岩性法；
12. 顶部，井壁垮塌物；
13. 钻具深度，测井电缆深度，测井深度；
14. 第6次取芯，共有28块岩芯，此块为第10块；
15. 减小，增大；
16. 高压油、气、水层，盐侵，砂侵，黏土层；
17. 减小，增大，增大；
18. 渗，缓渗，半球状，油；
19. 减小，增大，增大；
20. 可燃气体种类，含量，升高，小；
21. 表层松软地层垮塌，油层套管，钻井液难以控制的复杂地层(如垮塌层、漏失层、高压油气水层等)。

6.5 简答、图示分析及讨论题

1. 答：(1) 地质井：确定构造位置、形态和查明地层层序及接触关系。(2) 参数井：了解一级构造单元的区域地层层序、厚度、岩性，生油、储油和盖层条件以及生储盖组合关系，并为物探解释提供参数。(3) 预探井:发现油气藏,计算控制储量和预测储量。(4) 评价井:评价油气田的规模、产能、经济价值及探明储量。(5) 水文井:了解水文地质问题和寻找水源。

2. 答:(1) 地质井:以一级构造单元统一命名,加大写英文字母"D",后面加顺序号。(2) 参数井:以盆地或一级构造单元统一命名,加汉字"参",后面加顺序号。(3) 预探井:以二级构造带名称命名,后面加顺序号,采用1~2位阿拉伯数字。(4) 评价井:以油气田(藏)为单元,后面加顺序号,采用3位阿拉伯数字。(5) 水文井:以一级构造单元统一命名,加"水"的汉语拼音首字母"S",后面再加顺序号。(6) 定向井:在井号后面加英文字母"x",再加阿拉伯数字。

3. 答:作用:依据地质设计做出相应的钻井工程设计,提供更多参数数据,为钻探奠定基础;针对地质录井的要求和规范,起到施工规范标准的作用;同时可做地质预告。

主要内容:基本数据,区域地质简介,设计依据及钻探目的,设计地层剖面及预计油、气、水层位置,地层孔隙压力预测和钻井液性能及使用要求,录取资料要求,中途测试,井身质量及结构,技术说明和要求,地理及环境资料,风险分析及经济评价,附表及附图。

4. 答:定向井是指按照预先设计的井斜方位和井眼轴线形状进行钻进的井。

剖面类型有三类:Ⅰ型井身剖面(浅处造斜、单弯型)、Ⅱ型井身剖面(浅造斜、S型)、Ⅲ型井身剖面(深造斜、单弯型)。图示略。

5. 答:(1) 油气藏预测;(2) 地震层位标定;(3) 绘制油层顶面构造图;(4) 确定最佳含油部位;(5) 井身结构设计;(6) 确定靶心、轨迹及其参数;(7) 选择最优的地面井位。

6. 答:(1) 取芯资料收集。取芯钻进前、后,丈量方入,准确计算进尺;取芯过程中,记录钻时并捞取砂样。(2) 丈量"顶、底空"。(3) 岩芯出筒。(4) 岩芯丈量。(5) 计算岩芯收获率。(6) 岩芯编号。

7. 答:(1) 根据古生物特征,确定地层时代,进行地层对比;(2) 研究储集层岩性、物性、电性、含油气性关系——四性关系;(3) 掌握生油特征及其地化指标;(4) 观察岩芯的岩性、沉积构造,恢复沉积环境;(5) 了解构造和断裂情况,如地层倾角、接触关系、断层位置等。(6) 检查开发效果以及开发过程中所必需的资料数据。

8. 答:(1) 常规描述:① 颜色;② 成分;③ 结构;④ 沉积构造(层理);⑤ 化石及含有物;⑥ 岩石类型;⑦ 构造(地层倾角、断层、接触关系等)。(2) 含油气性。

9. 答:岩屑迟到时间计算方法主要有理论计算法、实物测定法和特殊岩性法。与邻井对比,利用大段单一岩性中的特殊岩层在钻时上表现出特高或特低值,记录钻遇的时间和上返至井口的时间,二者之差即真实岩屑的迟到时间。

10. 答:(1) 大段摊开,宏观观察;(2) 远看颜色,近查岩性;(3) 干湿结合,挑分岩性;(4) 分层定名,按层描述。地质信息:同岩芯。

11. 答:(1) 观察钻井液槽液面变化情况;(2) 观察钻井液池液面变化情况;(3) 观察钻井液出口情况;(4) 观察岩性,取全取准岩屑,定准含油级别和岩性;(5) 收集钻井液相对密度、黏度等变化资料;(6) 收集气测数据变化资料;(7) 收集钻时数据变化资料;(8) 收集井深数据及地层层位资料。

12. 答:影响钻井液性能的地质因素有高压油、气、水层,盐侵,砂侵,黏土侵,地温等。

13. 答:岩石性质、钻头类型与新旧程度、钻井液性能与排量、钻井措施与方式、人为因素的影响等。

14. 答:荧光的颜色和亮度与石油类型的含量密切相关。根据发光的亮度可以测定石油含量,根据发光的颜色可以测定石油组分。其方法主要有荧光直照法、滴照分析法、系列对比法和毛细分析法等。

15. 答:(1) 油层气体的重烃含量比气层高,乙烷以上成分的烃类气体含量相对较高;气层重烃含量低,而且只含有乙烷、丙烷等成分,没有大分子的烃类气体。

(2) 油层在气测曲线上的反映是全烃和重烃曲线同时升高,两条曲线幅度差较小;气层在气测曲线上的反映是全烃曲线幅度很高,重烃曲线幅度很低,两条曲线间的幅度差很大;水层在气测曲线上的显示幅度远比油层低。

16. 答:完井方式是指一口井按地质设计的要求钻达目的层和设计井深以后,直到交井之前所进行的一系列工作。常规的完井方式有射孔完井、裸眼完井、砾石充填完井、割缝衬管完井等。

17. 岩芯深度的确定:井深=钻具总长+方入-补心高;

岩屑深度的确定:根据岩屑迟到时间。

18. 答:井深是指井眼的测量深度。① 地面海拔;② 井口海拔;③ 垂深。

19. 答:(1) 钻时录井:定性判断岩性,解释地层剖面;判断缝洞发育井段;进行地层划分和对比。

(2) 岩芯录井:确定地层时代,进行地层对比;恢复沉积环境;了解构造和断裂情况以及地层接触关系;掌握生油层特征及其地化指标;研究储集层岩性、物性、电性、含油气性——四性关系;检查开发效果以及开发过程中所必需的资料数据。

(3) 岩屑录井:研究岩性、含油气性。

(4) 气测录井:判断流体性质,评价储集层。

(5) 钻井液录井:快速钻进,确保安全;判断油、气、水层及特殊岩性的位置。

20. 答:主要利用方法有钻时录井、岩屑录井、岩芯录井、钻井液录井。

6.6 案例分析

1. 案例 1

① A 段可能发生气侵;B 段为井涌;C 段可能发生井涌。

② 钻时减小,钻井液总体积增加。

2. 案例 2

1 和 2 为含气层,3~6 为裂缝气层。

3. 案例 3

② 层全烃及 C_1 含量均较低,为差气层或水层;④ 层全烃及 C_1 含量均较高,为气层。

第 7 章　油层对比与沉积微相

7.1　名词解释

1. 地层划分

2. 地层对比

3. 岩性标准层

4. 沉积旋回

5. 油层对比

6. 单油层

7. 砂层组

8. 油层组

9. 含油层系

10. 油层剖面图

11. 小层平面图

12. 栅状对比图

13. 沉积时间单元

14. 碳酸盐岩储集单元

15. 沉积微环境

16. 测井相

7.2 选择题(有一个或多个正确答案)

1. 地层对比中,岩石地层学方法适用于(　　)。
   A. 所有地区
   B. 岩相横向变化不大的地区
   C. 岩性变化较大但有规律可循的地区
   D. 河流相
2. 沉积层序的界面为(　　)。
   A. 不整合面　B. 最大海泛面　C. 初始海泛面　D. 海泛面
3. 油层组以(　　)作盖、底层,且分布于同一岩相段之内,岩相段的分界面即其顶、底界。
   A. 隔层　B. 较厚的非渗透性泥岩
   C. 岩相段的分界面　D. 地层时代分界线
4. 砂层组是由若干相互邻近的单油层组合而成,砂层组的上、下分隔为(　　)。
   A. 隔层　B. 较为稳定的隔层
   C. 岩相段的分界面　D. 地层时代分界线
5. 在陆相盆地中,常见的油层对比标准层有(　　)。
   A. 稳定的湖相泥岩段　B. 薄层碳酸盐岩
   C. 古土壤层　D. 煤层
6. 选用电测资料进行油层对比中,自然电位曲线的优点是(　　)。
   A. 能反映各级旋回组合特征
   B. 能定性反映油层的储油物性
   C. 能区分渗透性相似而岩性不同的岩层
   D. 能清楚地反映各个薄层的界面
7. 油层对比中,微电极曲线的优点是(　　)。
   A. 能反映各级旋回组合特征　B. 能定性反映油层的储油物性
   C. 能明显反映标准层特征　D. 能清楚地反映各个薄层的界面
8. 油层对比中,选择典型井的条件有(　　)。
   A. 位置不用考虑　B. 地层层序正常
   C. 测井等资料齐全,曲线标志清楚　D. 非取芯井
9. 旋回-厚度对比油层的方法是在(　　)控制下,依照沉积旋回的级次及厚度比例关系,按步骤从大到小逐级对比,直到每个单层。
   A. 标准层　B. 测井曲线　C. 沉积旋回　D. 不整合面
10. 地层对比中经常出现的地层层序重复问题,可能与(　　)有关。
   A. 断层　B. 倒转背斜　C. 不整合　D. 定向井

11. 地层对比中出现的区域性、有规律变化的厚度异常现象，可能与(　　)有关。

A. 断层　　B. 倒转背斜　　C. 不整合　　D. 定向井

12. 海相、湖相或在小范围内比较稳定的沉积环境，油层对比一般采用的对比方法有(　　)。

A. 等厚切片法　　B. 古生物对比法

C. 等高程时间单元对比方法　　D. 沉积旋回-岩性厚度对比法

13. 河流-三角洲地区，油层对比一般采用的对比方法有(　　)。

A. 岩性对比法　　B. 岩性相似、厚度相近对比法

C. 等高程时间单元对比方法　　D. 沉积旋回-岩性厚度对比法

14. 储集单元具有独立的水动力系统，是由储集层、产层、盖层、底层组成的能封闭油气的基本(　　)。

A. 岩性单元　　B. 地层单元　　C. 层序单元　　D. 时间单元

15. 下面关于碳酸盐岩储集单元的说法，正确的是(　　)。

A. 同一储集单元必须具备完整的储集层、产层、盖层、底层的岩性组合

B. 储集单元的上下界面不受地层单元界面的限制

C. 储集单元的上下界面既可与地层单元界面一致，也可与地层单元界面不一致

D. 同一储集单元必须具有统一的水动力系统，同一储集单元中的流体应具有相似的流体性质

16. 图 7-1 中的等时面有(　　)。

A. T1　　B. T2

C. 岩性边界　　D. 泥岩和灰岩的边界

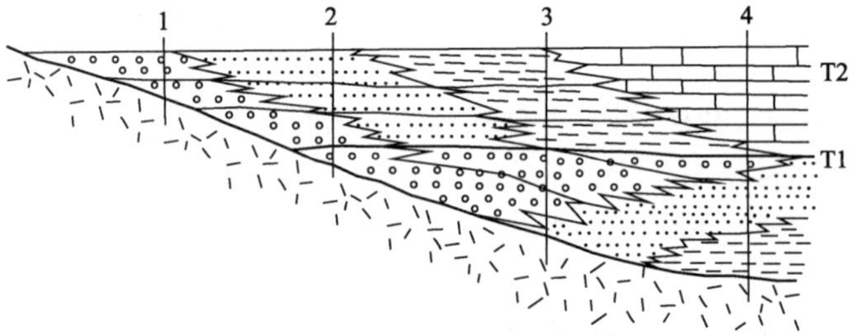

图 7-1　沉积及地层剖面图

1、2、3、4 为地层剖面

17. 沉积微相分析过程中，分析区域沉积背景，落实大相和亚相的主要依据包括(　　)。

A. 区域岩相古地理成果　　B. 岩芯资料

C. 试油资料　　D. 测井信息　　E. 地震相

18. 沉积时间单元细分沉积微相的主要流程包括(　　)。

A. 单井相分析　　B. 剖面相分析　　C. 平面相分析　　D. 储集层类型分析

19. 岩芯相标志包括(　　)。

A. 岩石的颜色　　B. 岩石类型　　C. 沉积构造　　D. 岩石结构

E. 沉积韵律　　F. 断层

20. 自然电位(SP)曲线的形态能够反映的沉积特征有(　　)。

A. 粒度　B. 分选　C. 沉积韵律　D. 沉积构造

E. 颜色

21. SP曲线的中高幅钟形代表(　　)。

A. 粒度正韵律　B. 曲流河点砂坝的特征

C. 自下而上水流能量减弱、物源减少　D. 冲积扇的典型特征

22. 倾角矢量图的绿模式具有以下特征(　　)。

A. 能够反映单向斜层理　B. 随深度变化倾角不变

C. 随深度变化方位角变大　D. 随深度变化方位角不变

23. 电成像测井图能够识别的沉积特征有(　　)。

A. 沉积旋回　B. 生物扰动构造

C. 火山角砾　D. 变形构造　E. 石英砂岩

24. 应用沉积相带选择调整挖潜对象,可以指导运用的工艺措施包括(　　)。

A. 注采系统调整　B. 压裂

C. 补射孔　D. 堵水　E. 酸化

7.3　判断题(对者打√,错者打×)

1. 油层单元级次越小,油层特性一致性越高,垂向连通性越好。(　　)

2. 岩性对比法不能用于不同盆地间的地层对比。(　　)

3. 同一地区的沉积物来源、搬运条件及沉积环境是相似的,其矿物的组成基本不变,或在平面上呈有规律的变化。(　　)

4. 油层对比指在一个油田范围内,对区域地层对比时已确定的含油层系中的油层进行划分和对比。(　　)

5. 在陆相盆地中,古土壤层不能作为油层对比的标准层。(　　)

6. 在剖面上,标准层的数量、分布与地层对比的难易没关系。(　　)

7. 正旋回的特征是自下而上岩性由粗变细,反映地壳下降、水进,水体变深。(　　)

8. 油层对比以"同一沉积范围内,同一时代沉积物具有相似的沉积特征"作为分层对比的地质理论依据。(　　)

9. 河流相沉积时间单元的对比可以采用在标准层控制下的旋回-厚度对比油层的方法。(　　)

10. 在油田范围内,井间单油层的对比均可以按岩性和厚度相似的原则进行对比。(　　)

11. 同一河道砂体,其顶面距标准层(或某一等时面)应有大体相等的"高程"。(　　)

12. 若河流相厚砂层只具有一个完整的正韵律,则该砂层为一次河流下切作用形成的,为一个时间单元。(　　)

13. 一个储集单元应包含储集层、产层、盖层和底层。(　　)

14. 在储集单元的划分中,底、储、盖的上下界面不受地层单元界面的限制,既可与地层单元界面一致,也可与地层单元界面不一致。(　　)

15. 碳酸盐岩储集单元的对比是依据标准层控制下的盖、底层岩性对比。 ( )

16. 地层剖面的沉积旋回和岩性特征可以反映在地球物理测井曲线上，因此地球物理特征也是油层对比的重要依据。 ( )

17. 小层平面图是油层对比成果图之一，主要反映油砂体的形态及厚度和渗透率的变化。 ( )

18. 碳酸盐岩储集单元必须具有统一的水动力系统，其中所含流体应具有相似的流体性质。 ( )

19. 成因单元砂体是指具有独特储集层性质的最小一级砂体。 ( )

20. 河道砂体发育板状交错层理，具有单层厚度大、底平顶凸等特征。 ( )

21. 测井相是指能够辨别沉积相的一组测井曲线或数据，不包括图像。 ( )

22. 单层的测井曲线形态能反映粒度、分选、水动力及其垂向变化。 ( )

23. 齿状箱形 SP 曲线特征代表曲流河河道微相。 ( )

24. 测井倾角矢量图又称蝌蚪图，横坐标表示倾角大小，纵坐标为深度，蝌蚪的方向表示地层的走向。 ( )

25. 所有的测井倾角矢量图均能够用来分析沉积相类型。 ( )

26. 对于砂泥岩剖面，致密砂岩较泥岩电阻高，电成像测井图上亮度小。 ( )

27. 能够通过沉积相分析认识油砂体内纵向和平面的非均质性，但不能掌握地下油水运动的规律。 ( )

28. 某井段岩性以中细砂岩为主，交错层理发育，具有明显的“二元结构”，自然电位曲线呈箱形-钟形组合，反映的沉积环境为曲流河相。 ( )

29. 位于废弃河道砂体的油井注水受效快，很快形成高产井，注入水沿底部突进较慢，水淹厚度较理想。 ( )

7.4 填空题

1. 碎屑岩油层对比单元由大到小划分为________、________、________和________四个级别。油层单元级次越小，油层特性一致性越高，垂向连通性越好。

2. 地层对比方法包括_______、_______、重矿物组合对比、层序地层学对比等多种方法。

3. 岩性标准层指具有岩石特征明显、____________、____________、分布广泛等区域性对比标志的岩层。

4. 常见的岩性标准层有砂泥岩剖面中的薄层________，碳酸盐岩剖面中的__________、泥岩夹层，碎屑岩剖面中稳定的________、薄的黑色页岩层等。

5. 进行碎屑岩油层对比的依据主要有____________、____________、地球物理特征等；对比方法主要有两类：__________________________和等高程沉积时间单元对比法。

6. 当地壳下降时，发生水进，水体逐渐加深，形成岩性由______到______的正韵律沉积；反之，当地壳上升时，发生水退，水体逐渐变浅，形成岩性由______到______的反韵律沉积。

7. 沉积旋回(或称沉积韵律)是指垂直地层剖面上________________________________。

8. 碳酸盐岩储集单元是指具有独立的______________，由______________、________、盖层和底层组成的能封闭油气的基本岩性单元。

9. 相标志主要有岩石学标志、________、地球化学标志、________、地震相标志等。其中，岩石学标志包括岩石的颜色、________、结构、沉积构造等。

10. 利用自然电位曲线形态进行沉积相分析时，漏斗形曲线反映水流能量逐渐______、物源供应逐渐________的反粒序沉积；________曲线一般反映沉积过程中物源供给和水动力条件相对稳定。

11. 自然电位曲线的变化能反映沉积环境，其原理是：自然电位主要受粒度、分选和泥质含量的控制，又受沉积时的________和________的影响。

12. 某井沙二段的岩性以中细砂岩为主，交错层理发育，且具明显的“二元结构”，自然电位曲线呈箱形-钟形组合，该段反映的沉积环境为________。

13. 可以利用自然电位曲线的________、________、________、________、________和多层曲线等要素进行测井沉积相研究。

14. 某井馆下段岩芯岩性以中细砂岩为主，成熟度较高，可见到海相和陆相化石组合，自然电位曲线呈漏斗形-箱形组合，该段沉积环境为________。

7.5 简答、图示分析及讨论题

1. 区域地层划分对比的方法有哪些？各种方法有何特点？
2. 油层划分对比的主要依据是什么？
3. 如何进行碎屑岩油层划分与对比？对比方法有何特点？
4. 岩性对比法在什么条件下使用较为可靠？
5. 标准层的条件有哪些？
6. 油层对比的成果图有哪些？其主要用途是什么？
7. 如何区分断层和地层的横向变化？
8. 从油层细分对比结果中能看出哪些地质现象？
9. 简述油层对比的单元、方法、适用条件、成果。
10. 何谓碳酸盐岩储集单元？碳酸盐岩储集单元划分的原则是什么？
11. 简述沉积微相分析的主要流程。
12. 岩芯沉积微相分析的主要相标志有哪些？
13. 何谓测井相？如何利用 SP 等测井曲线形态分析沉积微相？
14. 简述电成像测井图的主要地质应用。
15. 油层细分沉积相研究有何意义？
16. 胜利油田馆陶组为河流相沉积，其可能倾角矢量图的类型是哪种？
17. 如何利用沉积相分析成果提高河流相砂体的开发效果？
18. 某油田发育冲积扇相，其不同的微相类型对应的 FMI 图像有哪些特征？
19. 以冲积扇及扇三角洲为例，分析不同相带的岩芯、测井相等特征。
20. 图示沉积旋回的两种类型，并简要说明各自的地质意义。
21. 图示说明地层倾角矢量图的分类(模式)及其地质意义。
22. 图示 EXXON 公司的 P. R. Vail 为代表的沉积地层层序学派、Galloway 为代表的成因地层层序学派以及 Embry 等为代表的海侵—海退层序(T—R 旋回)的层序边界。
23. 油层对比中，“旋回对比、分级控制”的具体含义是什么？

24. 图 7-2 中 4 口井位于盆地斜坡，岩性剖面的顶界面为等时界面，应选择何种油层对比方法？

25. 如图 7-3 所示，两种对比方案各采用的哪种对比方法？适用于何种条件？

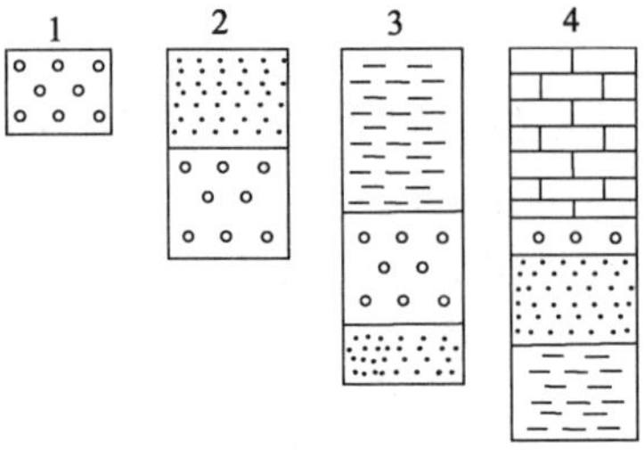

图 7-2　地层剖面图

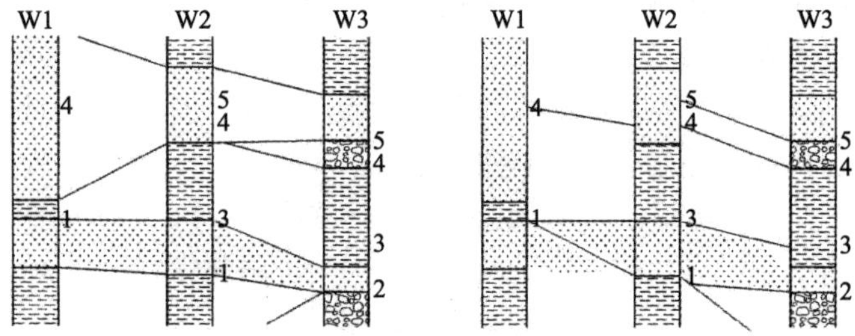

图 7-3　地层划分对比的不同模式

26. 试分析图 7-4 中的三类自然电位曲线所包含的沉积学意义（水流能量、物源供应、典型相类型等）。

图 7-4　自然电位曲线类型

27. 图 7-5 是东营凹陷某井馆陶组某段测井曲线及岩性剖面图，分析可能的相带类型。

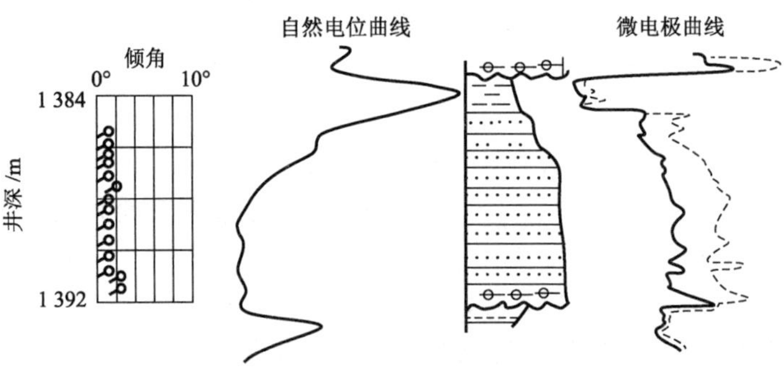

图 7-5　某段测井曲线及岩性剖面图

28. 讨论油层对比中旋回-厚度对比法和等高程沉积时间单元对比法的适用条件和具体做法。

29. 论述碎屑岩油层对比的依据、步骤、主要成果，探讨如何选择合适的对比方法。

30. 讨论测井相与沉积相是否一一对应，如何克服测井相分析中的不足。

7.6 案例分析

1. 案例 1：三角洲相油层的划分与对比

(1) 研究思路。

油层的划分与对比是研究砂体分布并认识地下复杂油层的基础。一般做法：

① 调研、熟悉研究区地质概况，包括沉积相类型、构造背景及地层发育情况等。

② 整理资料，绘制井位图，优选测井曲线。测井曲线的优选原则包括：能较好地反映岩性、岩性组合、沉积旋回特征，能明显反映出对比标志层的特征，能清晰地反映出各类岩性的分界面，大部分井都有这些测井曲线。

③ 确定标准层和辅助标准层。熟悉已知井，尤其是骨架井的岩性、电性及标准层特征，并确定出标准层、辅助标准层。

④ 建立标准剖面。找出标准层、标志层，识别沉积旋回，划分砂层组等。

⑤ 建立并对比骨架剖面。

绘制对比剖面线，选择标准层的顶面或底面作为对比基线，消除构造等因素的影响；画出每口井的岩性、电性剖面。如果资料是定向井，需要先进行井斜校正。

根据骨架井（标准井）每个层段及砂层的岩性、电性、沉积旋回等特征，按照由近及远的原则和邻井进行对比。主要有以下几个步骤：

a. 利用标准层对比油层组；

b. 利用沉积旋回对比砂层组；

c. 利用岩性和厚度对比单油层；

d. 连接对比线。

⑥ 地层重复、缺失等异常情况的地质解释。主要包括断层、褶皱等，若遇断层，应将断点所在位置用特殊符号在井轴线上标出，再根据邻井地层变化关系画出断层线。

⑦ 全区对比与闭合。

（2）资料。

案例区（现河油区）沙二段 7、8 砂层组主要分布于三角洲前缘相带，经过 30 多年的注水开发，目前已进入高含水、高采出程度、高采油速度的“三高”开发后期，地下情况变得极为复杂：一方面地下有潜力可挖；另一方面潜力极为分散，挖潜难度不断加大。

① 标志层特征。

标志层的选择是划分、对比砂层的关键。标志层的选择应考虑如下几个原则：a. 特殊性，即标志层一定要岩性、电性特征明显易辨认；b. 同时性，即标志层一定要形成于同一时间；c. 稳定性，即标志层有一定的分布范围及相对稳定性；d. 综合性，即岩性、电性具有较好的一致性或相关性，并且在纵向上有一定的厚度或组合特征，从而避免靠单一局部标志而引起多解性或不确定性。

L11 断块的 2^7、2^8 砂层组及附近地层存在如下几个标志层。

A. 沙二段 6 砂层组底部灰岩与泥岩交互层。

如图 7-6 所示，测井曲线上表现为“三高、三低”，电阻曲线上表现为三个高阻尖峰，感应曲线上表现为低阻泥岩，微电极曲线呈尖峰状，厚度为 10～20 m，全区分布稳定。

B. 沙二段 7 砂层组底部泥岩。

如图 7-7 所示，测井曲线上感应为低值；自然电位无异常，与基线重合；微电极低值且几乎没有幅度差；声波曲线呈尖峰状；厚度为 2～10 m，全区分布稳定。

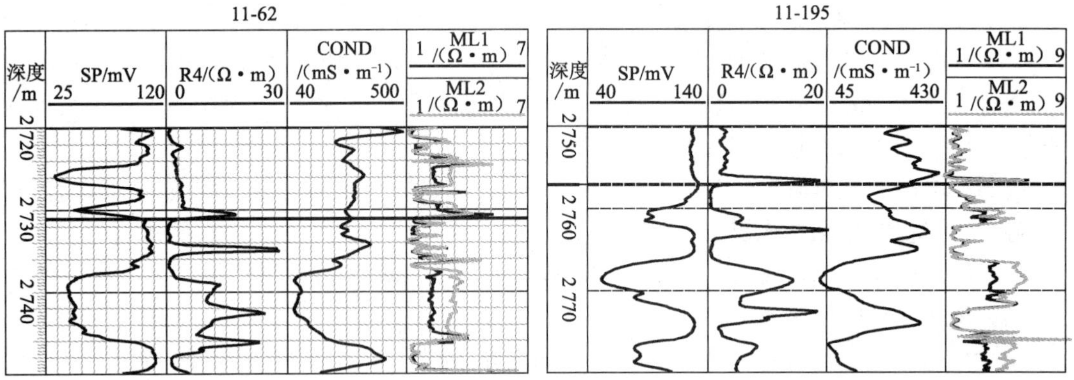

图 7-6　沙二段 6 砂层组底部灰岩与泥岩交互层标志层

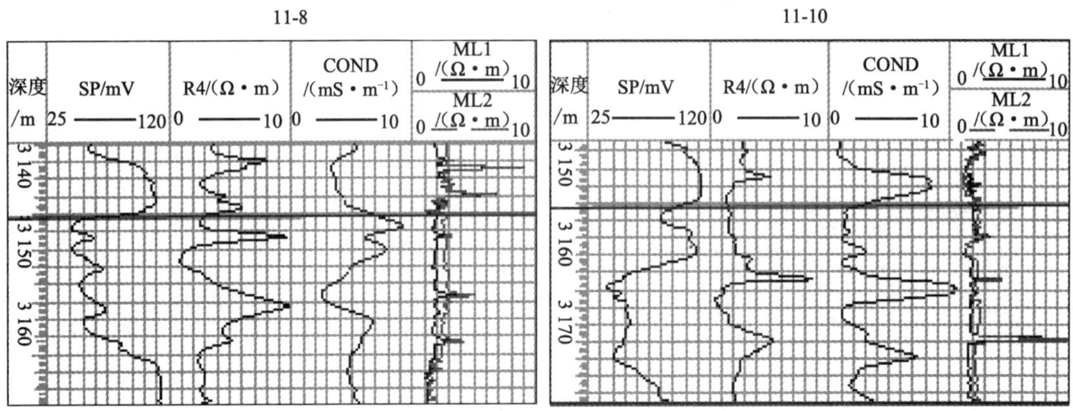

图 7-7　沙二段 7 砂层组底部泥岩标志层

C. 沙二段 8 砂层组底部泥岩。

如图 7-8 所示，测井曲线上感应为低值；自然电位无异常，与基线重合；电阻率曲线呈小高值；微电极曲线呈低值，没有幅度差，向下突然增大呈尖峰状；厚度 8～15 m，全区分布稳定。8 砂层组之下的 9 砂组顶部多表现为厚度不等的砂岩。

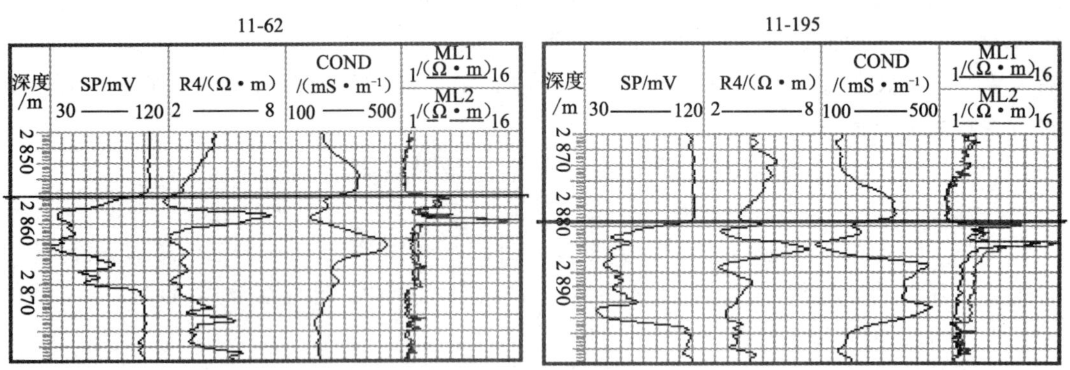

图 7-8　沙二段 8 砂层组底部泥岩标志层

② 单井测井曲线及连井剖面位置等。

已知图 7-9 中井的目的层均为三角洲前缘亚相；图 7-10 为自西向东的连井剖面，岩性为砂岩、泥岩，相带为三角洲前缘亚相。

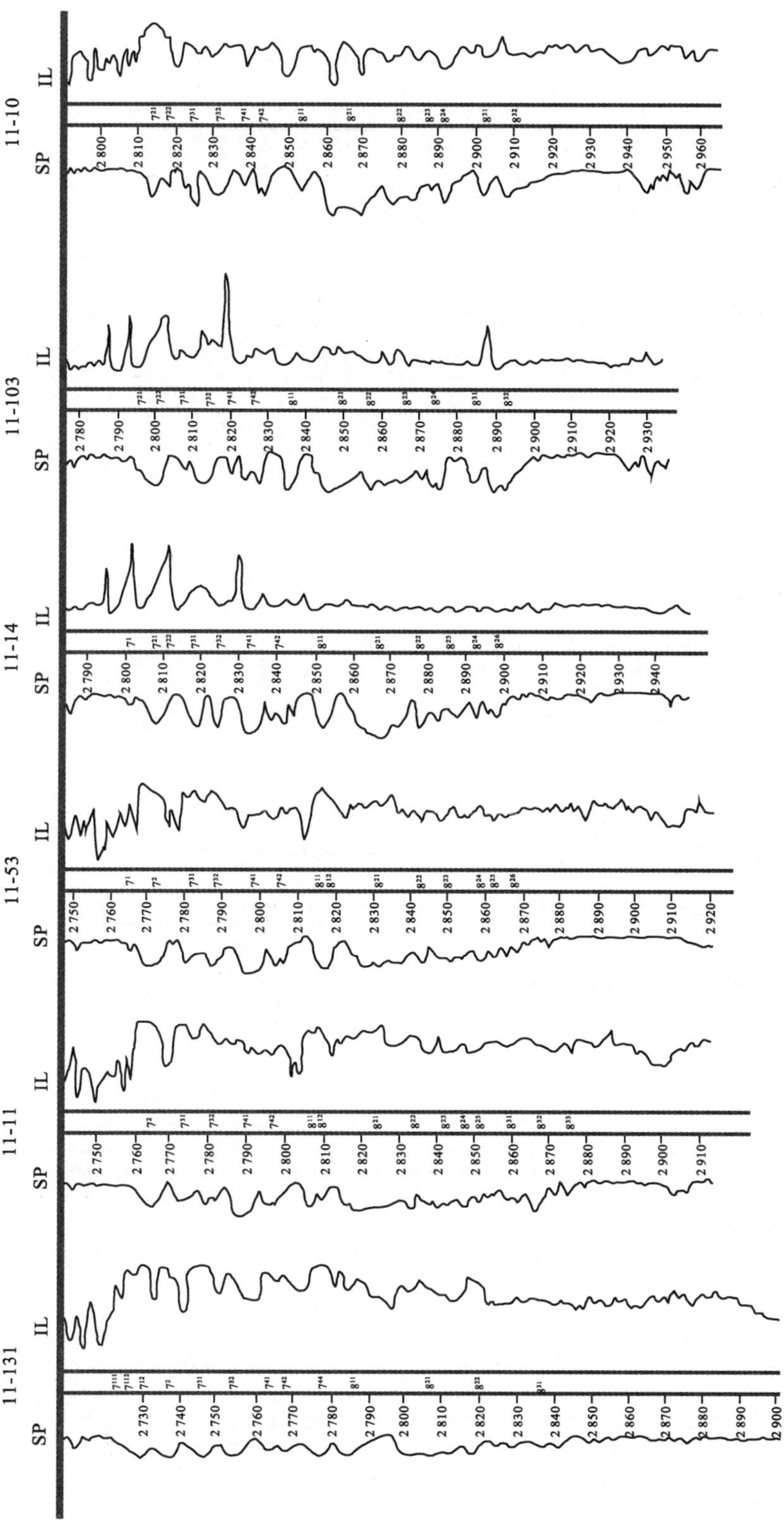

图 7-9　A 过井剖面测井曲线

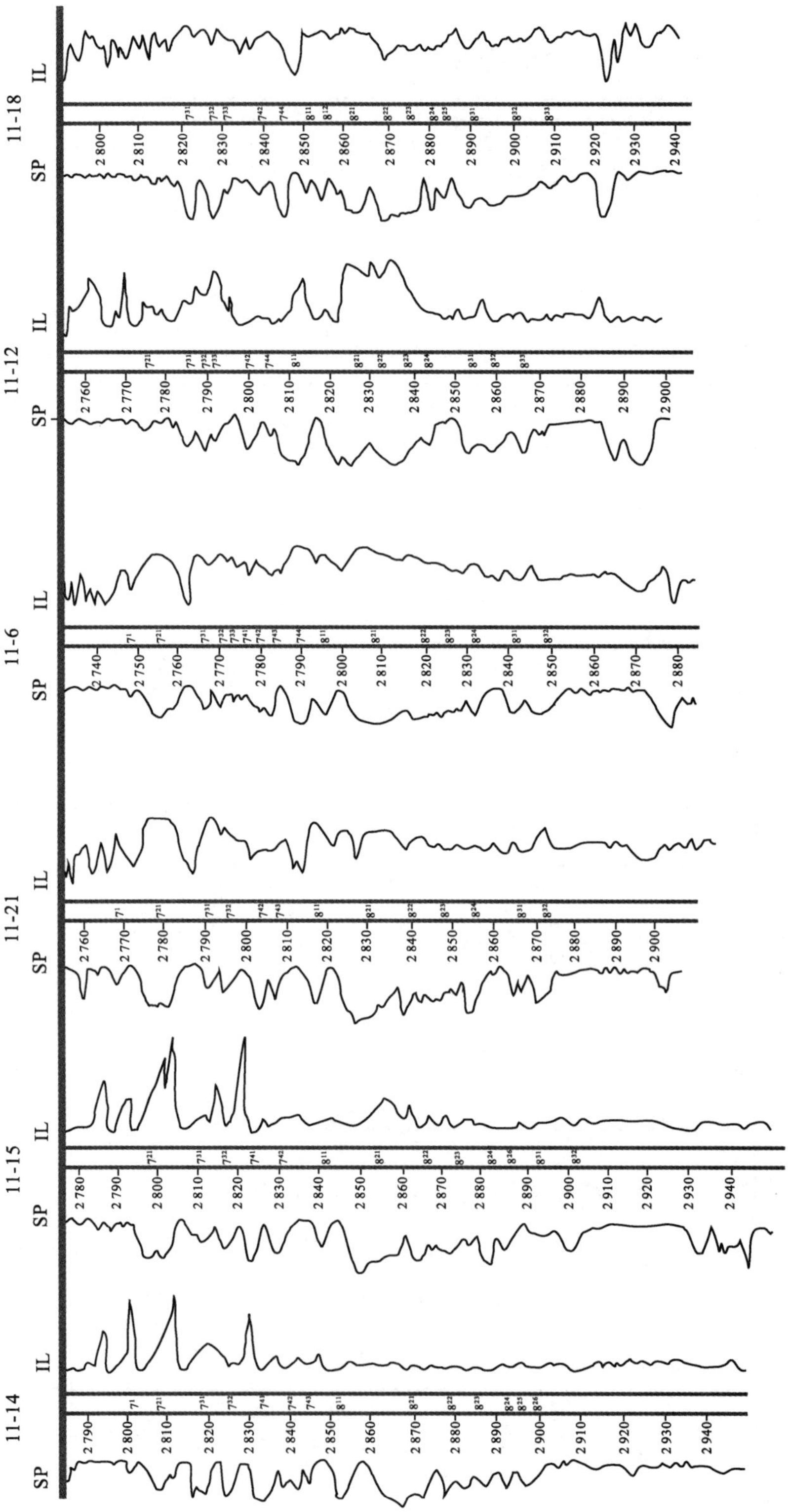

图 7-10　B过井剖面测井曲线

（3）要求。

考虑沉积的差异，选择对比方法，绘制 A、B 两条剖面的油层划分与对比图。

思考：

① 如何确定三角洲储集层的层次？其层次界面有何特征？

② 在三角洲储集层地层划分对比的过程中有哪些注意事项？

③ 三角洲前缘水下分支河道和河口坝在对比方法及过程中有何区别？如何处理厚砂体？

2. 案例 2：河流相油层的划分与对比

（1）资料。

图 7-11 为××油田东 1、东 2、东 3 井三口井东营组某砂层组的自然电位、微电极曲线。

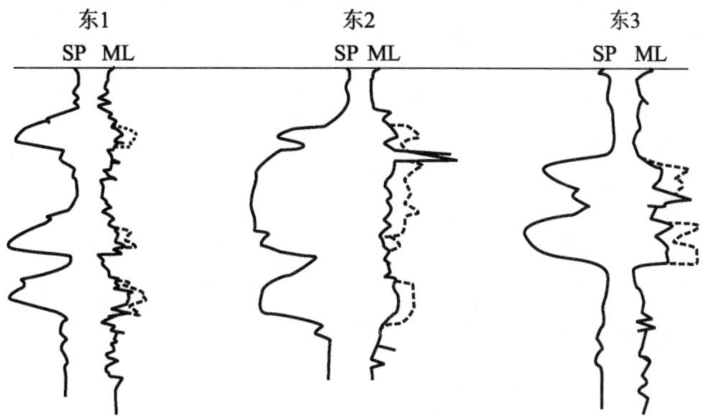

图 7-11 某砂层组测井曲线

该砂层组厚约 30 m，顶部有一层 30 cm 左右的含螺泥岩，岩性、电性特征明显，为全区对比标准层，可作为砂层组的顶界；该砂层组底部为稳定的泥岩。

该砂岩组为河流相沉积，由褐色含油长石细砂岩、灰色砂质泥岩及灰绿色泥岩等组成；具明显的正韵律，韵律底部常见冲刷面及含砾砂岩；长石细砂岩的胶结物多为泥质、孔隙式、接触式胶结，胶结物含量少；粒度分选中等，概率图为跳跃组分发育的两段式；孔隙度大，渗透率高，储油物性好。

（2）要求。

绘制××油田东 1-东 2-东 3 井某砂层组油层对比剖面图。

3. 案例 3：绘制小层平面图

（1）资料。

图 7-12 表示某断块内各井钻遇某一单砂层的厚度分布（分子表示有效厚度，分母表示砂层厚度）。

（2）要求。

请在图上绘出：① 砂岩尖灭线；② 有效厚度零线；③ 有效厚度等值线（等值线间距 1 m）。

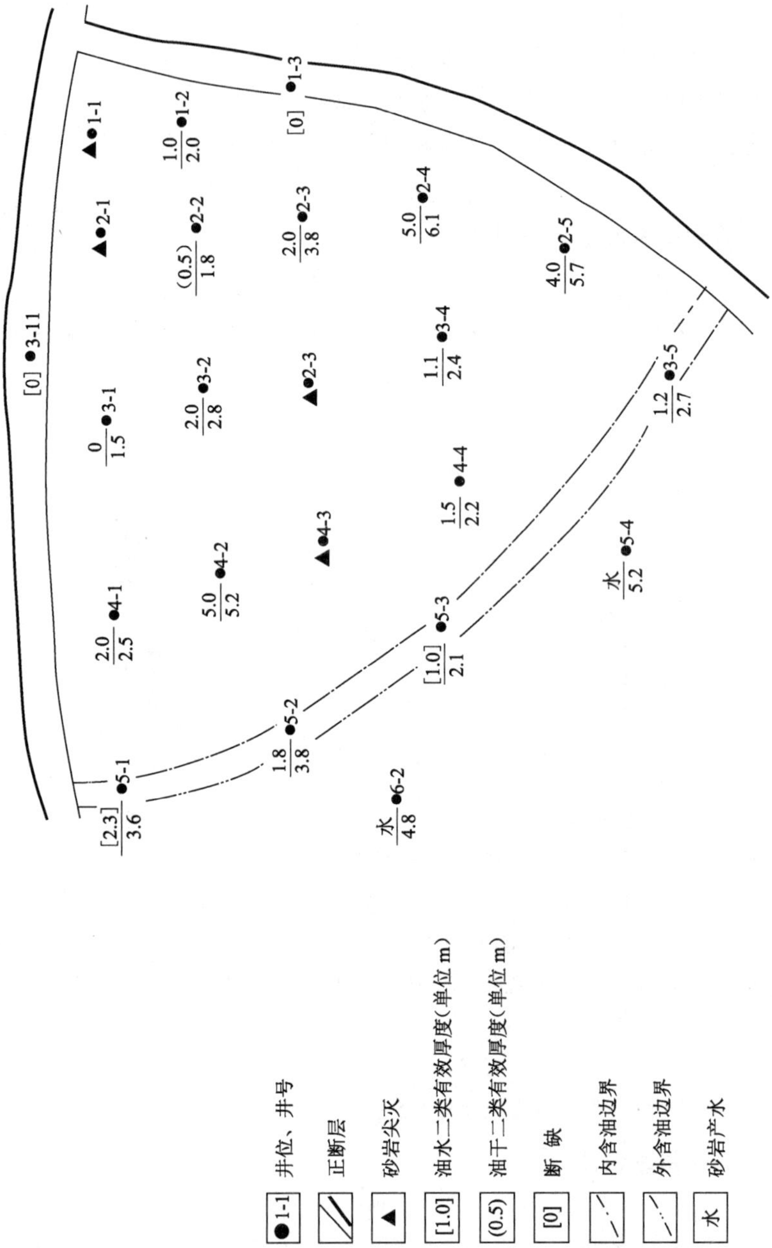

图 7-12 某断块井位及单砂层厚度、有效厚度

4. 案例4:Y22-22砂砾岩体成像测井图像沉积学特征解释

(1) 资料。

斯伦贝谢公司FMI成像测井图像清晰,可以进行岩性、沉积构造和沉积环境分析以及井旁构造分析、地应力分析等。FMI成像测井主要依据图像上的地质特征,结合其他可获得的资料进行综合解释。从解释井段所处理出的图像资料来看,FMI成像测井图像较为清晰,地质特征明显。

Y22-22井位于济阳坳陷东营凹陷北带,钻探目的是滚动开发Y22地区沙四段油气藏,于2006年8月完井,井深3 740 m,完钻层位沙四上段。为了加强对复杂砂砾岩的认识,该井进行了系统钻井取芯,芯长累计111 m。通过取芯,系统了解砂砾岩体的沉积特征,储集层岩性、物性和含油性的变化规律,为砂砾岩油藏认识和勘探开发方案提供最基础的资料。

通过岩芯及电成像FMI图像分析(图7-13和图7-14),在纵向上,属于近物源的水下扇的根部砂砾岩,以粗砾砾石为主,分选极差,孔隙度通常小于6%;中、上部的水下扇扇中砂砾岩为含砾砂岩或砾状砂岩,储集层物性相对比扇根好,孔隙度通常在6%~12%之间,是主力油层。

砂砾岩表现为多旋回叠加的特点,每个由粗到细的旋回,其厚度为1~5 m不等。

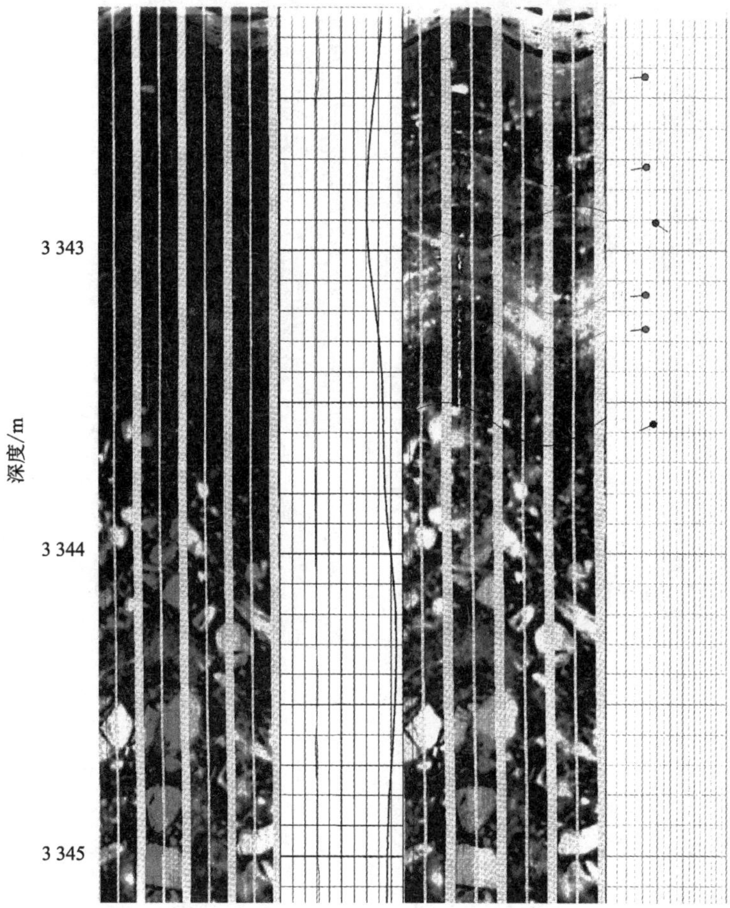

(a)

图7-13　Y22-22井FMI(成像)测井图

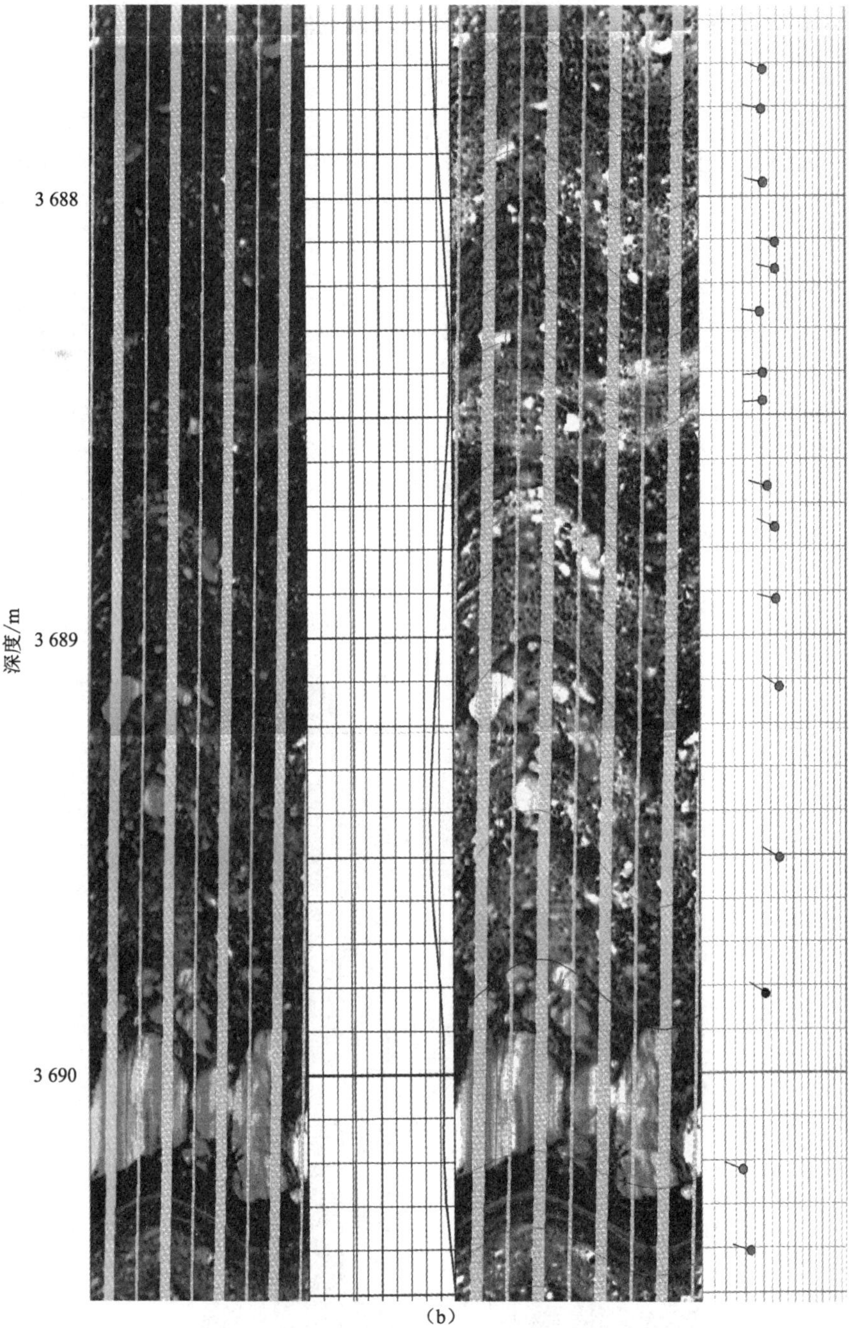

(b)

图 7-13(续)　Y22-22 井 FMI(成像)测井图

(2) 要求。

① 分析砂砾岩的类型及其特征。

② 绘制沉积相序,分析沉积相带的类型。

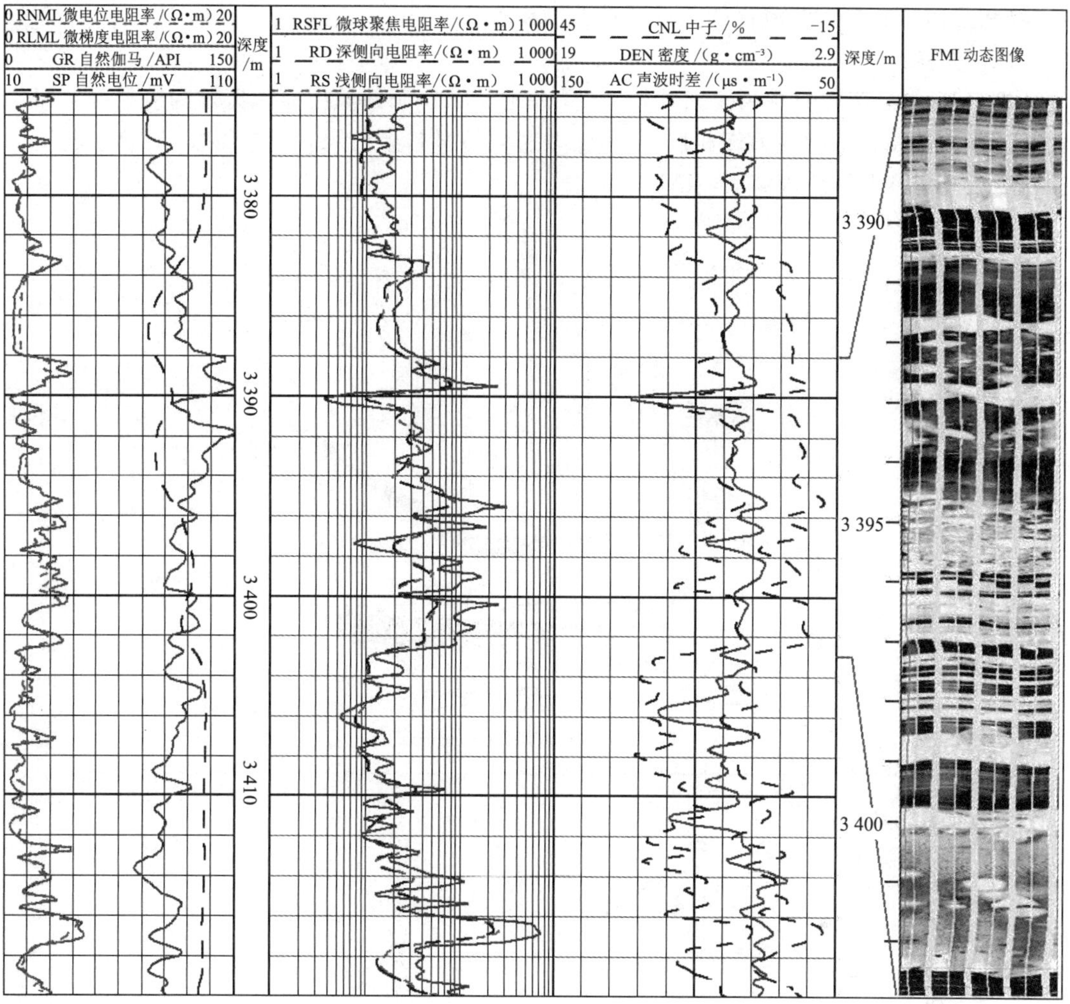

图 7-14　Y22-22 井测井曲线及 FMI 图像

5. 案例 5:华北油田某区块测井相分析

(1) 测井沉积微相平面图编绘方法。

① 利用取芯井的资料,对比岩芯相标志与测井曲线特征,编制研究区的测井相图版。

② 开展油层或沉积时间单元的对比,确定研究单元。

③ 在井位图上标注每口井所对应的测井曲线,并根据测井相图版将测井相类型或编码标注于井位旁。

④ 分析作图单元的测井曲线特征和测井相或编码在平面上的变化规律,对同类测井相进行平面组合。

⑤ 结合沉积模式、砂岩分布确定相带边界。

a. 若相邻两口井相类型不同,则认为井间存在相变,相变点采用砂岩尖灭线方法来确定。

b. 河道等砂体沉积微相的边界需要参考砂体厚度等值线,即砂岩尖灭线及砂体厚度分布趋势。

c. 编绘沉积微相展布时,要充分考虑沉积模式,尤其是不同微相的几何形态及叠置关系；微相平面分布与垂向演化的关系要符合沉积规律。

（2）资料。

图 7-15 为河流相测井相模式，图 7-16 为华北油田饶阳凹陷留路地区馆陶组某砂层测井曲线。华北油田馆陶组为河流相沉积，根据取芯井的岩芯相和测井响应特征，已建立起了该区沉积微相的测井响应模式，与图 7-15 吻合。

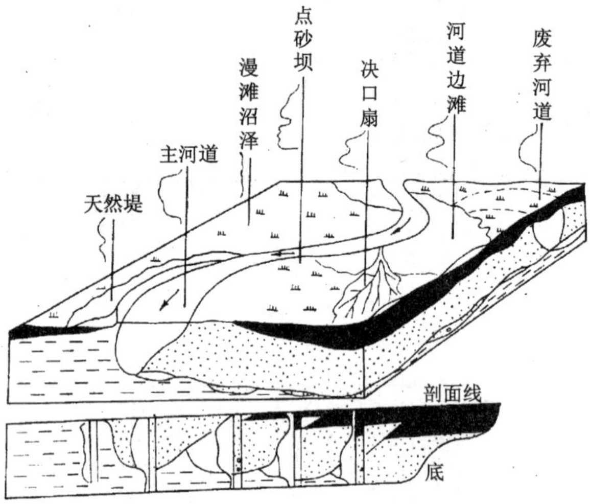

图 7-15　河流相测井相模式

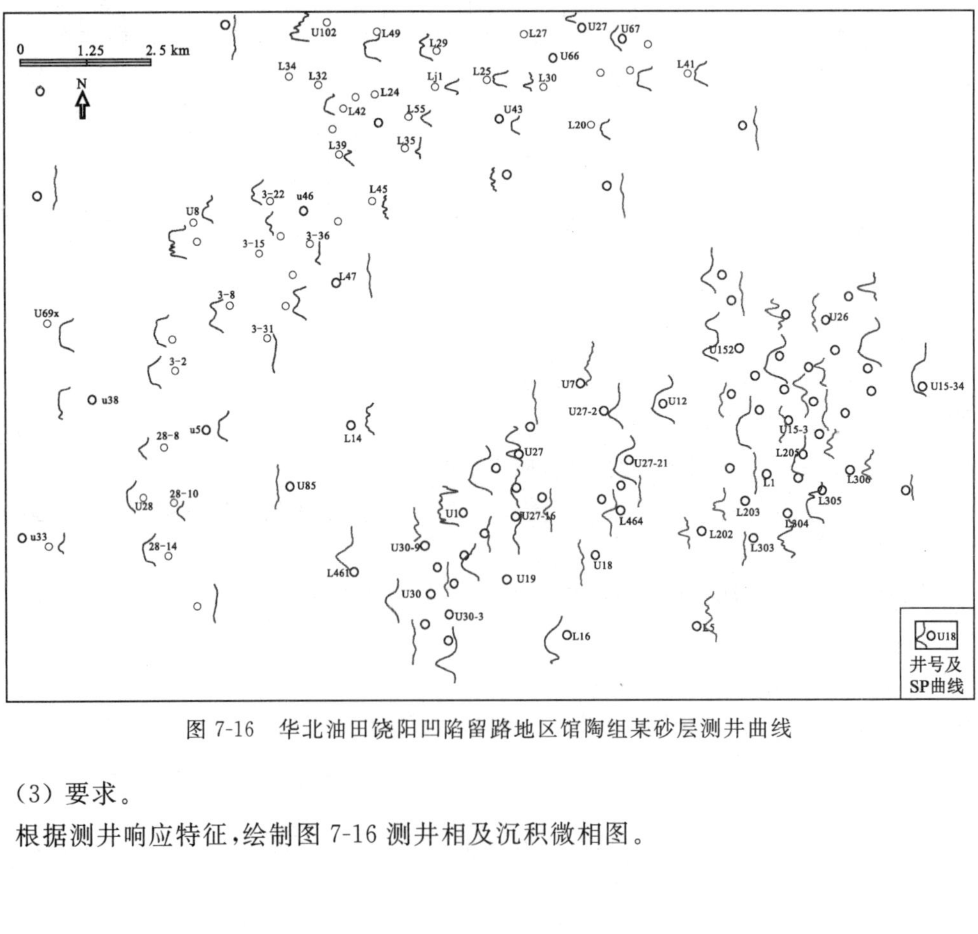

图 7-16　华北油田饶阳凹陷留路地区馆陶组某砂层测井曲线

（3）要求。

根据测井响应特征，绘制图 7-16 测井相及沉积微相图。

参考答案

7.1 名词解释

1. 地层划分:对同一地层剖面在纵向上进行分段,划分出不同的地层单位。

2. 地层对比:不同的地层剖面,找出同一时间形成的地层(等时体)。

3. 岩性标准层:具有岩石特征明显、岩性稳定、厚度不大、分布广泛等区域性对比标志的岩层。

4. 沉积旋回:或称沉积韵律,是指垂直地层剖面上具有相似岩性的岩石有规律地重复出现。

5. 油层对比:在一个油田范围内,对油层合理划分、横向追踪,将同一地质时期的同一油层划分出来。

6. 单油层:又称小层或单层,是含油层系中的最小单元。单油层的岩性和储油物性基本一致,具有一定的厚度和分布范围,单油层间应有隔层分隔,其分隔面积应大于其连通面积。

7. 砂层组:又称复油层,是由若干相互邻近的单油层组合而成的。同一砂层组内的油层的岩性特征基本一致,其上、下均有较稳定的隔层分隔。

8. 油层组:由若干油层特性相近的砂层组组合而成,以较厚的非渗透性泥岩作盖、底层,且分布于同一岩相段之内,岩相段的分界面即其顶、底界。

9. 含油层系:是若干油层组的组合,同一含油层系内的油层,其沉积成因、岩石类型相近,油水特征基本一致;含油层系的顶、底界面与地层时代分界线具有一致性。

10. 油层剖面图:是沿某一方向的油层对比图,它反映了油层与上下层的连通情况及延伸情况等,它与构造剖面图的区别在于不反映构造形态。

11. 小层平面图:是反映单油层分布特征和储油物性变化的基本图件,也是表示单油层在平面上的分布范围及其有效厚度和渗透率变化的图件。

12. 栅状对比图:反映油层空间变化情况的立体图,由于采用三度空间作图方法,当各井对比线连好后很像立体栅栏,故称栅状对比图。

13. 沉积时间单元:指在相同沉积环境背景下的物理作用、生物作用所形成的同时沉积。在细分沉积相时,沉积时间单元也应当是一个一次连续沉积的单砂层。

14. 碳酸盐岩储集单元:具有独立的水动力系统,由储集层、产层、盖层、底层组成的能封闭油气的基本岩性单元。

15. 沉积微环境:控制成因单元砂体(具有独特储集层性质的最小一级砂体)的环境。

16. 测井相:能够表征沉积物特征,并据此辨别沉积相的一组测井响应(参数)。

7.2 选择题

1. BC 2. A 3. BC 4. B 5. ABCD 6. AB 7. BD 8. BC 9. A 10. ABD 11. BC

12. D　13. C　14. A　15. ABCD　16. AB　17. ABDE　18. ABC　19. ABCDE
20. ABC　21. ABC　22. ABD　23. BCD　24. ABCD

7.3　判断题

1. √　2. √　3. √　4. ×　5. ×　6. ×　7. √　8. √　9. ×　10. ×　11. √
12. √　13. √　14. √　15. √　16. √　17. √　18. ×　19. √　20. ×
21. ×　22. √　23. ×　24. ×　25. ×　26. ×　27. ×　28. √　29. ×

7.4　填空题

1. 含油层系,油层组,砂层组,单油层;
2. 岩性对比,岩相对比;
3. 岩性稳定,厚度不大;
4. 灰岩,膏岩,泥岩段;
5. 岩性特征,沉积旋回,沉积旋回-岩性厚度对比法;
6. 粗,细,细,粗;
7. 具有相似岩性的岩石有规律地重复出现;
8. 水动力系统,储集层,产层;
9. 古生物标志,测井相标志,成分;
10. 增加,增加,箱形;
11. 水动力条件,物源供应条件;
12. 曲流河相;
13. 形态,幅度,齿中线,光滑程度,顶底接触关系;
14. 三角洲相。

7.5　简答、图示分析及讨论题

1. 答:(1) 岩性对比:适用于具有相同地质条件的较小范围,限制在一定的岩性、岩相范围内。(2) 岩相对比:适用于岩性和厚度变化剧烈的地区。(3) 古生物组合对比:在建立分层的时间概念上极为重要。(4) 重矿物组合对比:有助于了解古地理,特别是物源区的识别。(5) 构造对比:有利于区域性等时对比。(6) 沉积旋回对比:规模较大,表现为岩性、岩相的交替变化。(7) 层序地层学对比:等时对比,考虑岩性、相变等因素对地层对比准确性的影响。

2. 答:油层划分对比的依据主要有岩性特征、沉积旋回、地球物理特征、层序地层学界面特征等。

3. 答:在标准层控制下,按照沉积旋回的级次及厚度比例关系,从大到小逐级对比,直到每个单层。具体步骤如下:

(1) 利用标准层对比油层组;(2) 利用沉积旋回对比砂层组;(3) 利用岩性和厚度对比单油层;(4) 连接对比线。

特点:适用于地层相对比较稳定的地区,在具有相同地质条件的较小范围,即一定的岩性、岩相范围内较为准确。

4. 答:具有相同地质条件的较小范围,即岩相横向变化不大,或岩性虽然变化但有规律可循的地区。

5. 答:特征明显、岩性稳定、易于识别、厚度不大、分布较广。

6. 答:(1) 小层平面图:反映单油层分布特征和储油物性变化,由单砂层分布图、单油层等厚图、等渗透率图叠合而成。(2) 油层连通图、油砂体连通图:反映油砂体相互连通关系。(3) 油砂体平面图:反映单个油砂体平面分布特征以及有效厚度和渗透率变化趋势。

7. 答:断层:地层缺失或重复等突变;地层横向变化:岩相或厚度渐变。

8. 答:地层厚度、岩性或岩相变化、沉积旋回、沉积相、含油气性等。

9. 答:油层对比单元分为含油层系、油层组、砂层组和单油层。

方法:旋回对比、分级控制。(1) 利用标准层对比油层组;(2) 利用沉积旋回对比砂层组;(3) 利用岩性和厚度对比单油层;(4) 连接对比线。

适用条件:适用于岩相横向变化不大,或岩性虽然变化较大但有规律可循的地区。

成果:主要有小层平面图、油层连通图和油砂体连通图等,可以解决油层的分布状况与油层内部储集物性及孔隙结构的变化等问题。

10. 答:碳酸盐岩储集单元指具有独立的水动力系统,由储集层、产层、盖层、底层组成的能封闭油气的基本岩性单元。

划分原则有:(1) 同一储集单元必须具备完整的储集层、产层、盖层、底层的岩性组合。(2) 储集单元的顶、底界可以不受地层界线限制,既可与地层单元界面一致,也可不一致;盖层和底层可以是同一层。(3) 同一储集单元必须具有统一的水动力系统。(4) 同一储集单元中的流体应具有相似的流体性质。

11. 答:沉积微相分析的主要流程为划分大相和亚相(确定区域沉积环境)、沉积时间单元或储集单元的划分、单井相分析、剖面对比相分析和平面相分析。

12. 答:岩芯沉积微相分析的主要相标志为岩石学标志、古生物标志、地球化学标志、测井相标志和地震相标志等。

13. 答:测井相:能够表征沉积物特征,并据此辨别沉积相的一组测井响应(参数)。

依据:幅度、单层的曲线形态、光滑程度、顶底接触关系等。

14. 答:(1) 裂缝识别和评价;(2) 地层沉积环境分析;(3) 储集层分析;(4) 地层层内结构分析和地层构造解释等。

15. 答:(1) 进一步深入认识油砂体层内纵向和平面的非均质性,掌握地下油水运动规律;(2) 应用沉积相带掌握高产井的分布规律;(3) 应用沉积相带选择调整挖潜对象,充分发挥各种工艺措施的作用。

16. 河流相可能倾角矢量图的类型(图 7-17)为红模式(河流砂体粒度向上变细、倾角变小)。

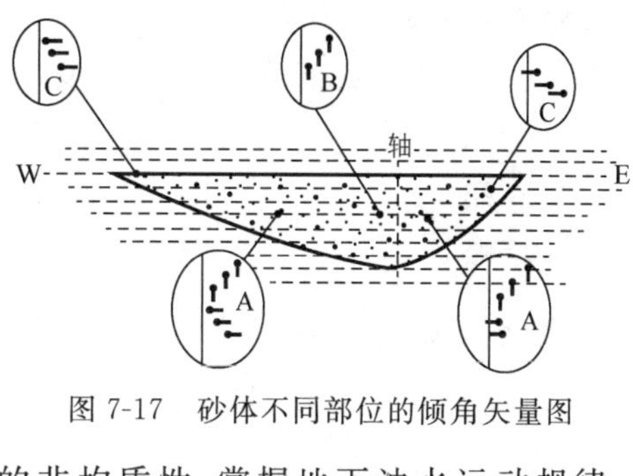

图 7-17 砂体不同部位的倾角矢量图

17. 答:(1) 深入认识油砂体层内纵向和平面的非均质性,掌握地下油水运动规律;(2) 应用沉积相带掌握高产井的分布规律;(3) 应用沉积相带选择调整挖潜对象,充分发挥各种工艺措施的作用。

18. 答:冲积扇扇根泥石流、泥砂混杂,扇根主河道碎屑支撑砾岩,正粒序;扇中辫状河道以砾、砂为主，河道叠置，厚层；扇端席状砂质沉积夹透镜状砾石层。

19. 答：冲积扇测井相总体特征：大套齿形组合，幅度中到低，在齿形叠置时反映为箱形、钟形、漏斗形。扇根泥石流、泥砂混杂，渗透性极差，末期渗透性变好，低幅、齿形，多期为前积式包络线；扇根主河道强冲刷，碎屑支撑砾岩，厚度不大，正粒序，中幅，正向或对称齿形、指形，齿中线下倾或水平。扇中辫状河道以砾、砂为主，河道叠置，厚层，齿化箱形或齿化钟形，齿中线水平或下倾并相互平行。扇端席状砂质沉积夹透镜状砾石层，平直段夹中到低幅的反向齿形曲线，齿中线上倾。

20. 略

21. 略

22. 答：如图 7-18 所示。

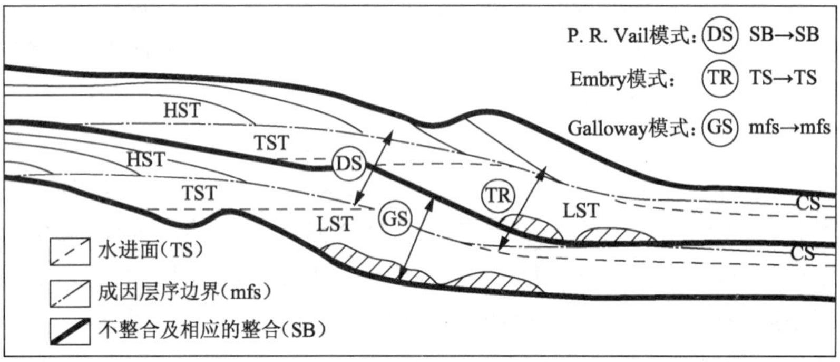

图 7-18 层序地层学派及对比边界

23. 答：(1) 利用标准层对比油层组；(2) 利用沉积旋回对比砂层组；(3) 在同级次旋回内利用岩性和厚度对比单油层。

24. 答：相变、旋回对比。

25. 答：左图为岩性对比，右图为相变、旋回对比。

26. 答：左图为漏斗形，底渐变，顶部突变，反粒序，水流能量增强，物源供应增加，河口坝；中图为箱形，物源丰富和水动力稳定，河道；右图为钟形，底部冲刷，正粒序，水流能量减弱，物源供应减少，废弃流道。

27. 答：岩性底部突变，向上变细，沉积构造以平行层理为主，河流相。

28. 略。

29. 略。

30. 略。

7.6 案例分析

1. 案例 1

考虑沉积的差异，主要选择“旋回对比、分级控制”对比法。

砂体之间存在泥质砂岩、砂质泥岩、钙质泥岩等夹层，为了准确识别及划分成因砂体，可以选择 SP 曲线、微电极曲线、声波时差曲线及 GR 曲线进行单井油层的划分。对比剖面如图 7-19 和图 7-20 所示。

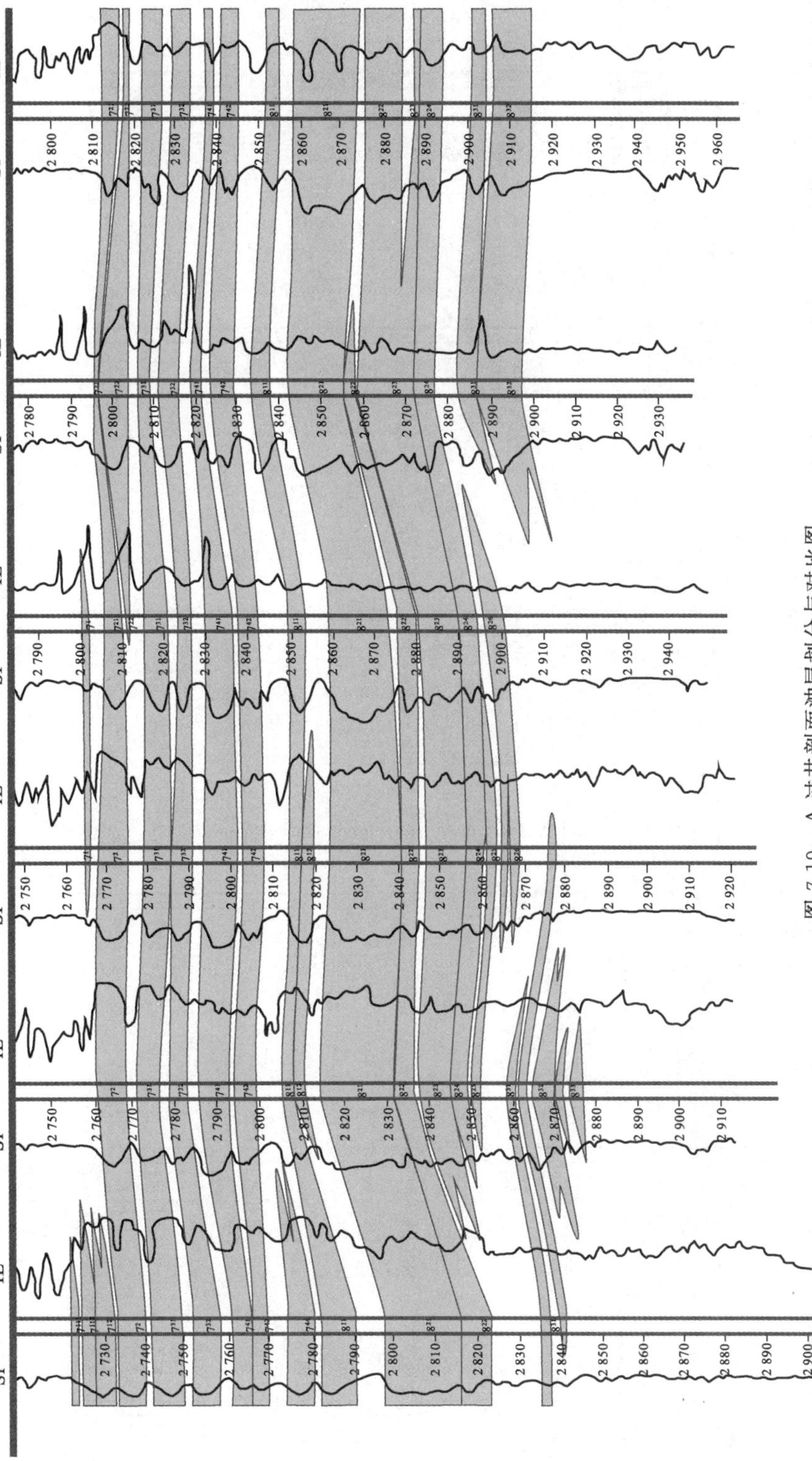

图 7-19 A过井剖面油层划分与对比图

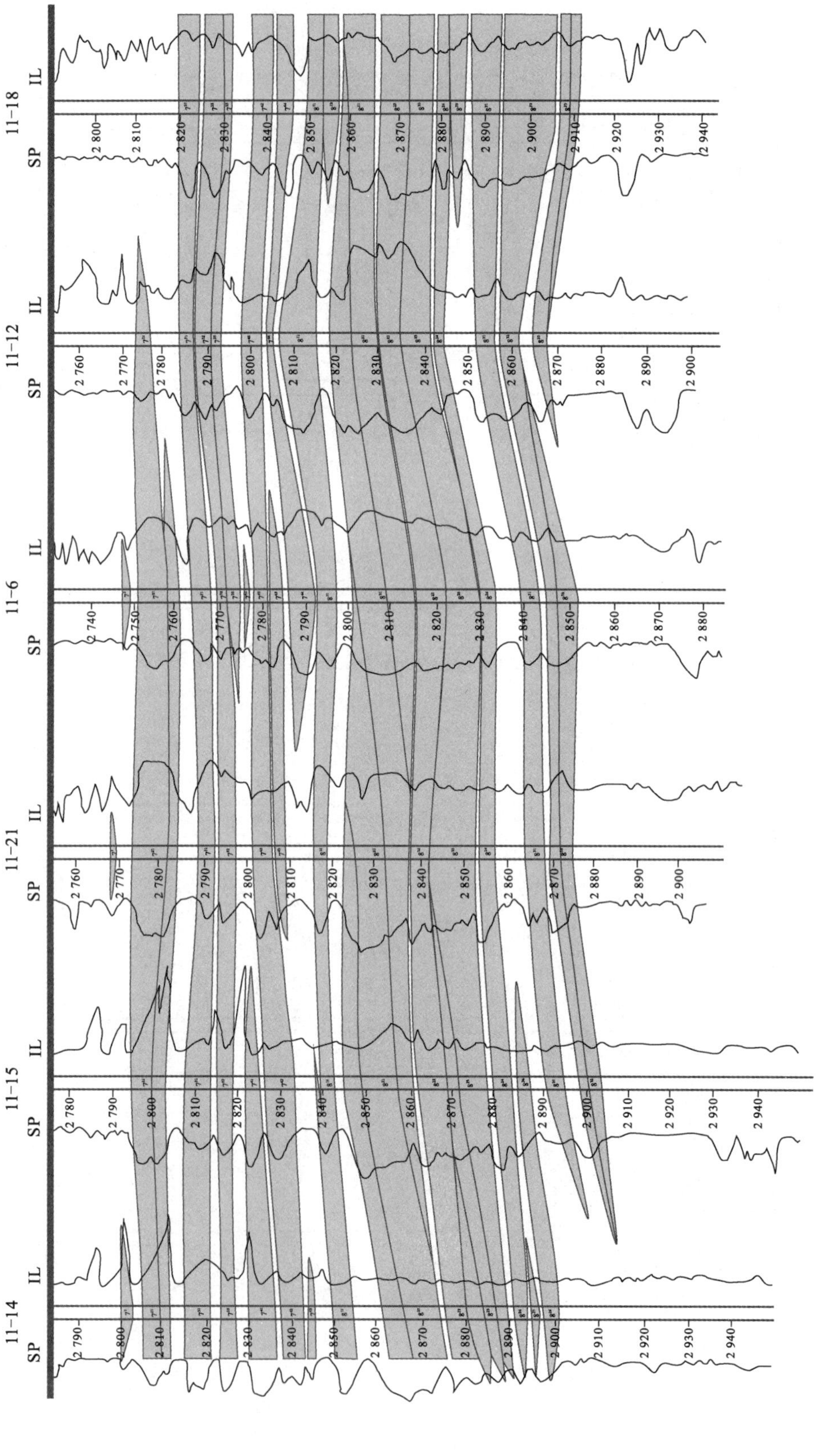

图 7-20　B过井剖面油层划分与对比图

2. 案例 2

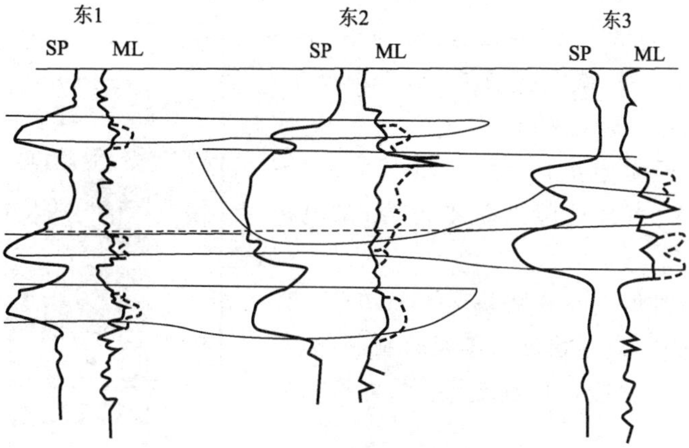

图 7-21 油层对比剖面图

3. 案例 3

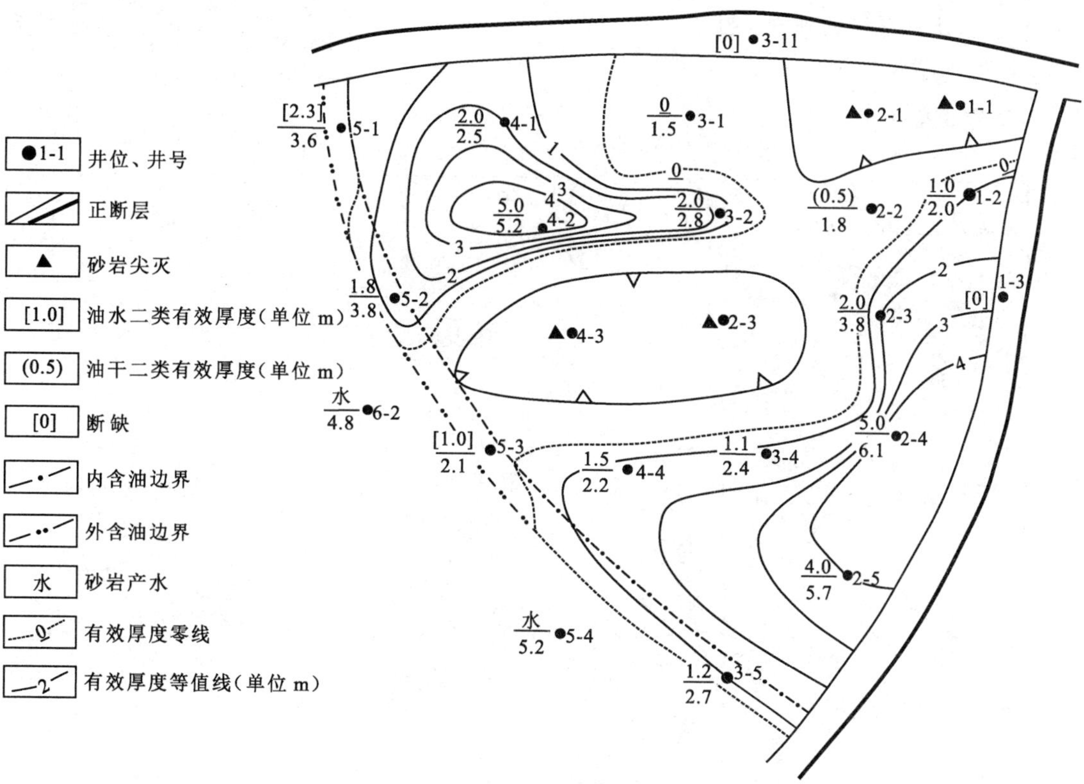

图 7-22 某断块井位及单砂层厚度、有效厚度

4. 案例 4

① 通过 FMI 图像资料,将砂砾岩细分为含砾砂岩、砾状砂岩、细砾岩、中细砾岩和粗砾岩等。

含砾砂岩：砾石主要为中细砾，砂岩中含有少量的细砾，如 3 342.2～3 343.7 m 井段。

砾状砂岩：砾石主要为中细砾，含量为 25%～50%，如 3 343.9～3 344.98 m 井段。

细砾岩：砾岩含量大于 50%，以细砾为主，如 3 388.7～3 389.8 m 井段，微电极负差异，呈锯齿状，深侧向电阻率最高达 809 Ω·m。

中细砾岩：砾石为中细砾混杂，如 3 693.2～3 694 m 井段，密度、声波孔隙度基本重合，微电极无差异，呈锯齿状。

粗砾岩：一般较薄，主要有杂基支撑和颗粒支撑两种，与砂岩、含砾砂岩、砾状砂岩等组合在一起，如 3 689.9～3 690.3 m 井段，电成像测井图可见粗砾岩，直径约为 30 cm。

② 砂砾岩体旋回，同一类岩石沉积厚度一般较薄，不同岩石常以薄层形式交替出现，形成了各种岩石组合。经常出现的岩石组合有砂砾交互、砂砾和泥岩交互、不同砾径的砾岩交互等。

沉积相序如图 7-23 所示。

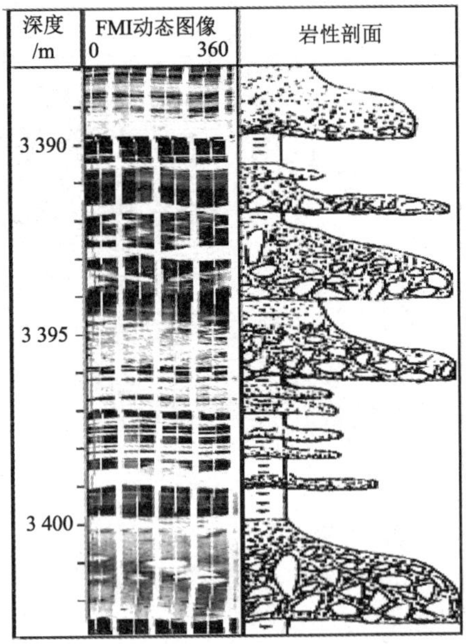

图 7-23　FMI 图像及岩性剖面图

5. 案例 5

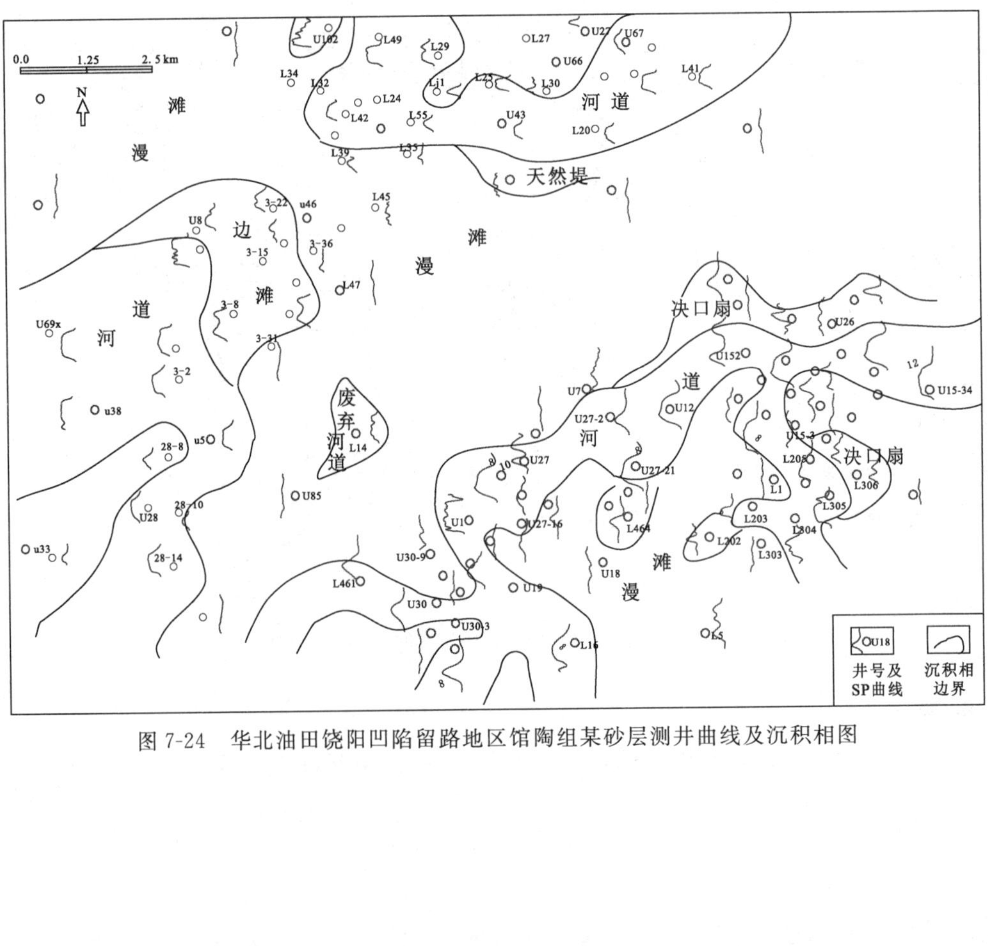

图 7-24　华北油田饶阳凹陷留路地区馆陶组某砂层测井曲线及沉积相图

第 8 章　油气田地下构造

8.1　名词解释

1. 断点组合

2. 油田地质剖面图

3. 井位校正(井位投影)

4. 井斜投影

5. 油气田构造图

8.2　选择题(每题有一个或多个正确答案)

1. 地下构造的研究影响(　　　)的开发部署?

A. 井位　　B. 井网

C. 油气动态分析　　D. 开发方案调整

2. 应用矢量图研究地层特征时,常利用颜色模式对矢量进行分类。倾向不变,倾角随深度增加而增大的一组矢量图,模式类型为(　　　)。

A. 红模式　　B. 蓝模式　　C. 绿模式　　D. 黄模式

3. 倾向基本相近,倾角随深度增加而逐渐减小的一组矢量图,对应的矢量模式为(　　　)。

A. 红模式　　B. 蓝模式　　C. 绿模式　　D. 黄模式

4. 对称背斜的倾角矢量特征有(　　　)。

A. 顶部倾角很小,倾向不定　　B. 背斜翼部,绿模式

C. 两翼倾向相反(相背)　　D. 轴面近于直立

5. 不对称背斜的测井倾角矢量图特征包括(　　　)。

A. 缓翼地层绿模式　　B. 接近脊面红模式

C. 向陡翼过渡蓝模式　　D. 陡翼地层绿模式

6. 倒转背斜穿过轴面的井眼,自上而下倾角矢量模式为(　　　)。

A. 绿-蓝-红-绿模式　　B. 绿-红-蓝-绿模式

C. 蓝-红-蓝-绿模式　　　　D. 绿-红-蓝-红模式

7. 断层的倾角矢量图特征有(　　)。

A. 断层带附近发生构造变形,倾角矢量图表现为红模式转变为蓝模式

B. 断层面附近形成破碎带,矢量图呈现杂乱或空白模式

C. 红模式

D. 蓝模式

8. 断层在地层倾角测井矢量图上可以显示(　　)等模式。

A. 红模式　　　　B. 蓝模式

C. 红模式与蓝模式突变　　　　D. 空白或杂乱模式

9. 关于井下地层的重复与缺失,说法正确的是(　　)。

A. 钻遇正断层,地层缺失

B. 地层倾角小于断层面倾角时,钻遇正断层,地层缺失

C. 钻遇逆断层,地层一定重复

D. 地层倾角小于断层面倾角时,钻遇逆断层,地层重复

10. 关于地层重复,说法正确的是(　　)。

A. 倒转背斜,对称性重复,重复地层由老到新

B. 逆断层,不对称重复,重复地层由新到老

C. 逆断层发育地层重复

D. 倒转背斜的地层重复具有不对称性

11. 关于地层缺失,说法正确的是(　　)。

A. 钻遇正断层

B. 钻遇不整合面

C. 如果钻遇不整合面,地层缺失具有区域性

D. 多口井钻遇时,断层面两侧能找到对应的同一套地层

12. 井下断层存在的标志有(　　)。

A. 井下地层的重复与缺失

B. 近距离内标准层的标高相差悬殊

C. 近距离内同一岩层厚度突变

D. 在短距离内,同一层内流体性质等明显差异

E. 断层在地层倾角矢量图中的特征

F. 非漏失层发生钻井液漏失和意外的油气显示

13. 以下说法(　　)是正确的。

A. 地层倾角小于断层面倾角,钻遇逆断层会出现地层重复

B. 地层倾角大于断层面倾角,倾向一致,钻遇逆断层会出现地层重复

C. 钻遇不整合会出现区域性地层缺失

D. 钻遇断层或不整合,断层面或不整合面两侧能找到对应的同一套地层

14. 井间断点组合的一般原则是(　　)。

A. 同一条断层的各个断点,断层性质一致,断面产状及断距大体一致或有规律地变化

B. 组合后的断层，同一盘的地层厚度不能有突变

C. 各井断失层位大体一致或有规律地变化

D. 断层两盘的地层产状符合构造变化的总趋势

15. 已知A井钻遇某油层顶面的标高为－1 600 m，钻遇断点标高为－1 800 m，那么该井钻遇断层(　　)的油层。

A. 上盘　B. 下盘　C. 上升盘　D. 断层带内

16. 分析断层封闭性的标志有(　　)。

A. 断层两侧的岩性配置

B. 断层带以及两侧的岩石的排替压力

C. 断层的产状

D. 断层的力学性质

E. 断层的活动时期

17. 断层封闭性机理包括(　　)。

A. 断层两侧的岩性配置

B. 断层带以及两侧岩石的排替压力

C. 断层的产状

D. 断层的力学性质

18. 如果断层封闭，会出现的识别标志有(　　)。

A. 两盘流体性质差异

B. 油-水界面高低悬殊

C. 钻井液漏失、井涌及油气显示等现象

D. 岩芯有断层角砾岩

19. 油气田地质剖面图能够反映(　　)。

A. 构造情况　B. 地层接触关系

C. 岩性和厚度变化　D. 油气水纵横向分布状况

20. 构造剖面图的剖面位置选择原则是(　　)。

A. 垂直地层走向，或平行于构造轴向

B. 尽量通过较多的井

C. 剖面均匀分布于油田构造上

D. 不需要过构造细节部位

21. 井位校正中，当剖面线垂直或斜交地层走向时，位于剖面附近的井应该(　　)。

A. 沿着地层走向线(等高线)投影，校正前后井位标高变化

B. 沿着地层走向线(等高线)投影，校正前后井位标高不变

C. 井位沿着地层倾向投影到剖面线上，校正前后井位标高需进行校正

D. 井位沿着地层倾向投影到剖面线上，井位标高不变

22. 油气田地质剖面图的应用有(　　)。

A. 分析圈闭类型　B. 分析断层产状

C. 分析不整合　D. 分析油气分布规律

E. 新井设计

23. 编制油气田构造图时，选择的制图目的层有(　　)。

A. 单砂层顶面　　B. 砂层组顶面

C. 标准层　　D. 不整合面

E. 断层面

8.3 判断题(对者打√，错者打×)

1. 断层对开发效果的影响不大。(　　)
2. 断层一定能利用倾角矢量图识别出来。(　　)
3. 测井倾角矢量图的绿-蓝-红-绿模式代表倒转背斜。(　　)
4. 倒转褶曲、平卧褶曲与非对称背斜对应的倾角矢量图一样。(　　)
5. 非漏失层发生钻井液漏失和意外的油气显示说明一定钻遇了断层。(　　)
6. 钻井过程中出现地层缺失，说明有可能钻遇逆断层。(　　)
7. 近距离内同层厚度突变说明一定钻遇了断层。(　　)
8. 近距离内标准层的标高相差悬殊可能是钻遇构造产状的剧变，如单斜或背斜一翼的挠曲等。(　　)
9. 钻遇正断层，一定会出现地层缺失的现象。(　　)
10. 可以利用倾角测井资料确定各断点断层面的走向和倾向，进行组合断点。(　　)
11. 已知沈3井钻遇某油层顶面的标高为−1 900 m，钻遇断点标高为−1 960 m，那么该井钻遇断层上盘的油层。(　　)
12. 在近距离内同层厚度差异较大，有可能是相变引起的。(　　)
13. 在某一近距离井组间存在断层，若断层两侧油藏折算压力和油水界面一致，则预示该断层可能开启。(　　)
14. 断层两侧的砂泥岩对置，断层一定封闭，能阻挡油气运移，形成圈闭。(　　)
15. 对置封闭是断层两侧砂岩与具有高排替压力的低渗透泥岩类对置。(　　)
16. 在断层的不同位置封闭差异很大。(　　)
17. 断裂为泥岩充填，断裂带具有大的排替压力，断层封闭性好。(　　)
18. 张性断裂易造成开启性断层，压扭性断裂易造成封闭性断层。(　　)
19. 一般与成藏期同时的断裂、同生正断层，早期是开启性的，晚期是封闭性的。(　　)
20. 倾角矢量图判断断层的优点是直观、准确，在判断断层方面没有缺点。(　　)
21. 当剖面线平行于地层走向时，位于剖面附近的井，应当沿着地层走向线方向投影到剖面线上，若校正前后井位标高不变，则不能准确反映地下构造形态。(　　)
22. 油气田地质剖面图能够反映构造情况、地层接触关系、岩性和厚度变化，但不能反映油气水纵横向分布状况。(　　)
23. 井位校正又称井位投影，是把不在剖面线上的井平移到剖面线上去，地层标高不变。(　　)
24. 井斜投影是将斜井段沿地层倾向投影到剖面上。(　　)
25. 油气田构造图是表示油气层顶、底面或标准层构造形态的等高线图，等高线需要严

格按照三角网法绘制。 ( )

8.4 填空题

1. 应用矢量图研究地层特征时，常利用颜色模式对矢量进行分类。红模式为倾向__________，倾角随深度增加而______的一组矢量；______模式为倾向基本相近，倾角随深度增加而逐渐减小的一组矢量。

2. 断层破碎带在地层倾角测井的矢量图上可以显示__________、__________等模式。

3. 油气田地质剖面图是沿某一方向切开的垂直断面图，它可以反映地下__________、________、______________三类特征；油田构造图通常选择__________和________________为制图标准层。

4. 断层在地层倾角测井矢量图上显示__________、__________和__________________或___________四种基本模式。

5. 受构造应力作用，通常在断层带附近发生牵引现象，使局部地层变陡或变缓，在倾角矢量图上表现为________或________模式；若岩石破裂，在断层面附近形成破碎带，倾角矢量图上呈现______或______模式。

6. 井位校正中，当剖面线垂直或斜交地层走向时，位于剖面附近的井应该__________________投影到剖面线上，当剖面方向与地层走向平行或近平行时，应______________________________________。

7. 井斜校正的任务是求取________沿地层走向投影到剖面上的________和______________。

8.5 简答、图示分析及讨论题

1. 如何开展地下构造的研究？
2. 如何利用倾角测井资料研究地下构造？
3. 井下断层存在的识别标志有哪些？
4. 如何确定井下断点？ 如何组合井间断点？
5. 何谓断面构造图？ 复杂断块区的断点如何组合？
6. 断层封闭性研究包括哪些内容？
7. 简述断裂活动期与油气运聚成藏期时序匹配关系。
8. 绘制地质剖面时，如何选择剖面线？
9. 何谓井位校正和井斜校正？ 其校正目的是什么？ 如何进行校正（图示说明）？
10. 如何编制油气田地下构造图及油气田地质剖面图？ 有何用途？
11. 用三角网法绘制地下构造等值线图时需要注意哪些问题？
12. 钻井过程中，有哪些现象或标志可以区分断层和不整合？
13. 多井钻遇一条断层，断层线如何画？
14. 试对井下地层的重复与缺失进行地质分析。
15. 某一口井缺失A套地层，是否可以确定该井钻遇了正断层？ 为什么？ 请图示说明。
16. 图示说明井下地层重复与缺失的地质原因。
17. 图示说明利用图解法进行井斜校正的步骤。

18. 图 8-1 为各井所钻遇的地层顺序(英文字母表示连续沉积)，通过地层对比，绘制剖面图。

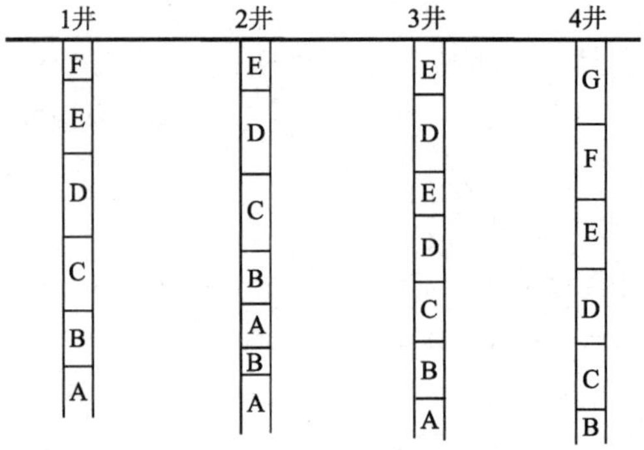

图 8-1　1、2、3、4 井的连井剖面示意图

19. 讨论单纯用测井倾角矢量图判断褶曲形态的多解性。

20. 讨论钻井过程中发生钻井液漏失能够说明的地质现象有哪些。

8.6　案例分析

1. 案例 1

(1) 断层组合 1。

① 资料。

断面构造图和各井钻遇 M 层顶面标高如图 8-2 所示。

② 要求。

根据图 8-2 绘制下盘 M 层顶面的构造等值线(等值线间距 100 m)及断层线。

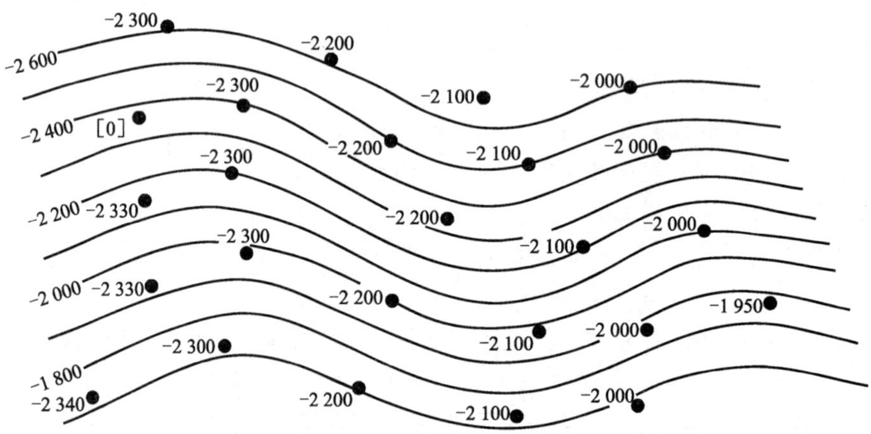

图 8-2　断面构造图和各井钻遇的 M 层顶面标高(单位 m)

(2) 断层组合 2。

① 资料。

图 8-3 为钻遇同一条断层的 12 口井的井位分布图，比例尺为 1∶1 000；表 8-1 为钻遇同一条断层的 12 口井地质资料表；油层平均厚约 100 m，分 1、2、3 个砂层组，厚度分别为

30 m、30 m、40 m。

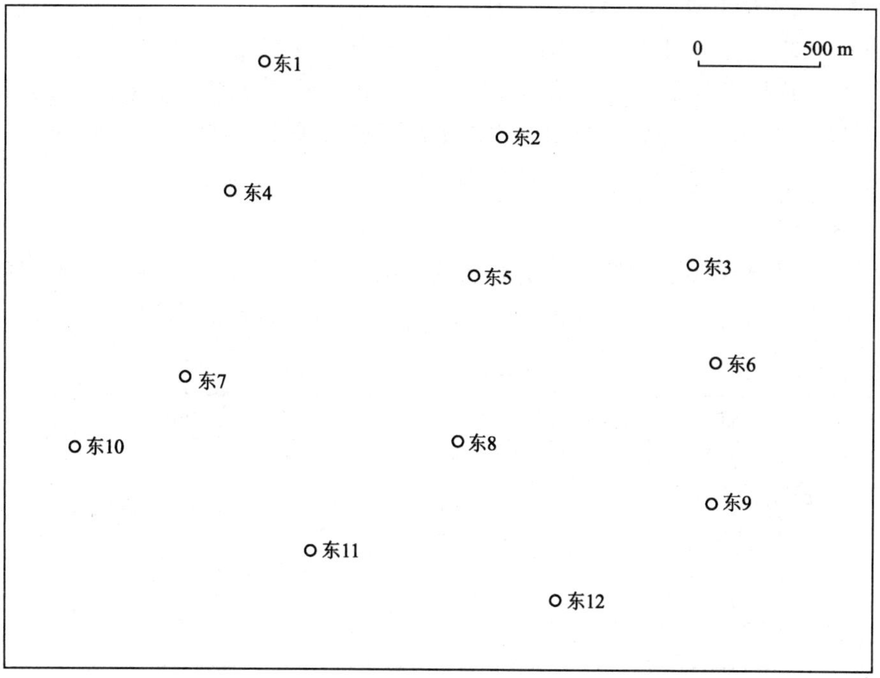

图 8-3 井位图

表 8-1 钻井地质资料表

井 号	油层顶面标高/m	油层底面标高/m	断点标高/m	落差/m	断失层位
东 1	−1 950	−2 250	−1 700		
东 2	−1 900	−2 200	−1 650		
东 3	−1 850	−2 150	−1 650		
东 4	−1 950	−2 250	−1 850		
东 5	−1 900	−2 200	−1 800		
东 6	−1 850	−2 100	−1 750		
东 7	−2 000	−2 300	−2 070		
东 8	−1 950	−2 250	−2 020		
东 9	−1 900	−2 200	−1 970		
东 10	−2 000	−2 300	−2 220		
东 11	−1 950	−2 250	−2 180		
东 12	−1 900	−2 100	−2 170		

② 要求。

绘制油层顶界面的断层线。

③ 断层线绘制方法。

a. 根据各井的断点标高，用三角网等值内插法绘制断层面等值线，等值线间距为 50 m。

b. 判断已知各井所处的位置：若 $h_{断} > h_{顶}$，则该井钻遇断层下盘的油层顶面；若 $h_{断} < h_{顶}$，则该井钻遇断层上盘的油层顶面。

c. 分别绘制上、下盘油层顶界面的构造等值线，等值线间距为 10 m。

d. 绘油层顶界面的断层线：先将上、下盘油层顶界面的构造等值线与断层面等高线相交，相交点（相同标高）即断点，再将这些断点依次相连绘成油层顶界面的断层线。

2. 案例 2：斜井、弯曲井井身剖面的投影

（1）资料。

某井位于 60°剖面线上，该处地层走向为 150°，井口海拔为 100 m，制图标准层的井深为 1 925 m，井深 0～1 800 m 为直井，1 800 m 以下为斜井，井斜数据见表 8-2。

表 8-2　井斜数据表

井深/m	间距/m	井斜角/(°)	井斜方位/(°)	水平位移/m	垂直井深/m	累计垂直井深/m
1 800～1 850	50	9.8	30			
1 850～1 900	50	9.5	40			
1 900～1 950	50	8.5	45			
1 950～2 000	50	10	55			
2 000～2 050	50	10	60			

sin 10°＝0.17，sin 20°＝0.34，sin 30°＝0.5，sin 40°＝0.64，cos 10°＝0.98，cos 20°＝0.94，cos 30°＝0.87，cos 40°＝0.77。

（2）要求。

① 绘制弯曲井在剖面上的投影。

② 绘制弯曲井在平面上的投影。

③ 标出制图标准层在平面上和剖面上的位置。

④ 计算出制图标准层的海拔标高。

3. 案例 3：油田地质剖面图的编制

（1）作图方法。

① 根据所给资料，在图纸的适当位置沿着剖面方向画一水平线作为海平面线，并在图的左侧画一深度比例尺。

② 在剖面线上标出各井位置，垂直于剖面线画出各直井的井轴线，并在井轴线上标出各地层界面的位置。

③ 若井点不在剖面线上，则应先将剖面线附近的井投影到剖面线上。

④ 对于斜井或弯曲井，应先根据井斜数据算出各井段的水平位移和垂直井深，并在剖面上用作图法画出该井的井斜投影，然后标出各地层的位置。

⑤ 根据资料判断有无断层存在，若有断层，判断断层性质、产状，标出断点位置，并将同一断层的各断点用红线连接起来。

⑥ 把同一盘同一层的各点用圆滑曲线连接起来，把油、气、水界面标出。

⑦ 图件的清绘。

（2）资料。

某剖面方向为60°，由西南向东北1井至2井的井距为300 m，2井至3井的井距为350 m，3井至4井的井距为350 m；4口井均为直井；各井钻遇各地层的标高见表8-3；五层为主要含油层系。1井区主要为泥质砂岩和泥岩，4井区主要为含砾砂岩夹泥质粉砂岩和泥岩，在3井和4井的中上部已获油气。

表8-3 各井钻遇地层标高

井号 \ 标高/m	七层底	六层底	五层底	四层底	三层底	二层底	一层底
1	−200	−335	−497	−648	−820	−990	−1 000(未见底)
2	−220	−258	−420	−570	−720	−890	−995(未见底)
3	−205	−340	−500*	缺 失	−615	−790	−980(未见底)
4	−180	−320	−535	−697	−710*	缺 失	−950

注：表内“*”为断点位置。

(3) 要求。

绘制剖面图。

4. 案例4：断层的确定及地质剖面恢复

(1) 根据坨62-31井倾角矢量图(图8-4)，确定断点，恢复地质剖面。

(2) 根据文15-1井倾角矢量图(图8-5)，确定断点，恢复地质剖面。

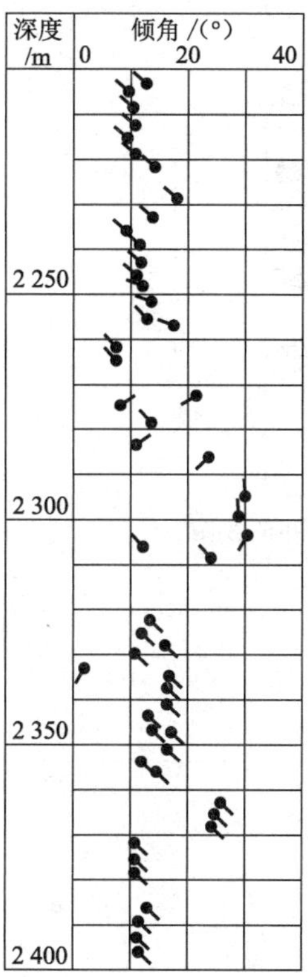

图8-4 坨62-31井倾角矢量图

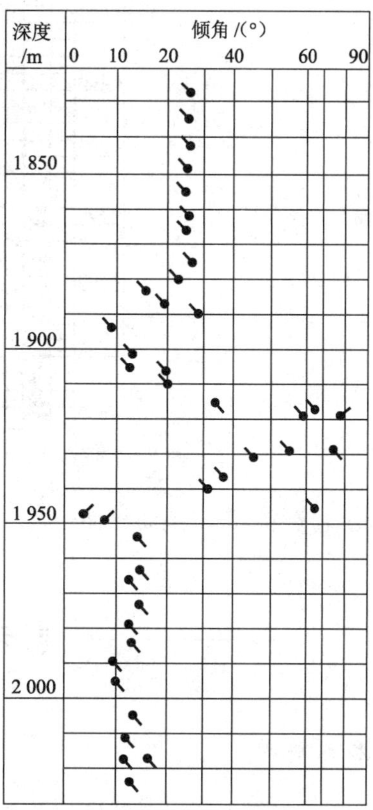

图8-5 文15-1井倾角矢量图

(3) 逆掩断层-平卧褶曲构造解释。

① 案例背景及资料。

在桩古 13 井钻探之前,渤海湾黄河口凹陷下古生界桩西潜山一直被认为是由两条断层夹持,内部由若干条正断层切割向北东方向倾没的单面山。

勘探中发现的问题:从地质剖面和其他潜山油田钻探资料证实,下古生界海相地层的厚度分布稳定。可是,桩西潜山的首批探井 3、6、11 井等却出现下古生界内不同层组的地层厚度大大超过正常厚度的异常现象。例如,6 井寒武系张夏组石灰岩厚度达 728 m,而正常厚度仅为 180~200 m;11 井下奥陶系马家沟组石灰岩异常厚,致使该井无法按设计钻穿,而提前完钻。这些地层厚度的异常现象,在勘探初期给地质人员带来很多困惑。

图 8-6 为桩古 13 井下古生界倾角矢量及测井曲线图。

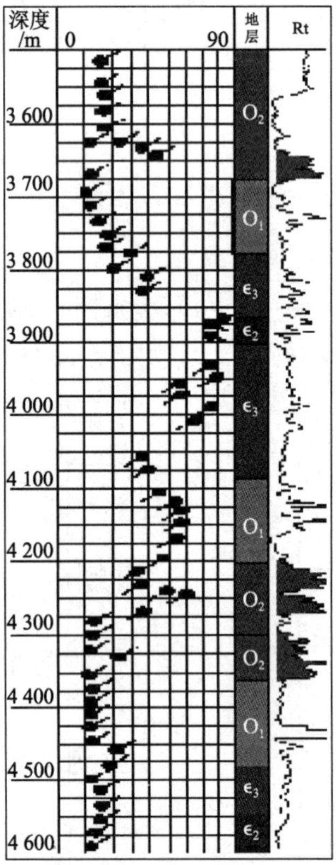

图 8-6 桩古 13 井倾角矢量及测井曲线图

② 根据上述资料,解释地质剖面。

参考答案

8.1 名词解释

1. 断点组合:将属于同一条断层的各个断点联系起来。

2. 油田地质剖面图:沿油气田某一方向切开的垂直剖面图。

3. 井位校正(井位投影):把不在剖面线上的井移到剖面线上。

4. 井斜投影:弯井的井身沿着地层走向投影到剖面上。

5. 油气田构造图:表示油气层顶、底面或标准层构造形态的等高线图。

8.2 选择题

1. ABCD 2. A 3. B 4. ABCD 5. AD 6. A 7. AB 8. CD 9. BD 10. AB
11. ABCD 12. ABCDEF 13. ABC 14. ABCD 15. B 16. ABCD 17. ABCD
18. ABCD 19. ABCD 20. ABC 21. A 22. ABCDE 23. ABC

8.3 判断题

1. × 2. × 3. × 4. × 5. × 6. √ 7. × 8. √ 9. × 10. × 11. √ 12. √
13. √ 14. × 15. √ 16. √ 17. √ 18. √ 19. √ 20. × 21. × 22. ×
23. × 24. × 25. ×

8.4 填空题

1. 不变,增大,蓝;

2. 空白,杂乱;

3. 构造条件,地层条件,油气水分布特点,油层,油层附近的标准层;

4. 杂乱,空白,红、蓝模式突变,无明显反映;

5. 红色,蓝色,空白带,杂乱;

6. 沿地层走向线方向,垂直走向线(倾向)移动井位并进行标高校正;

7. 斜井段,井斜角,井斜段长度。

8.5 简答、图示分析及讨论题

1. 答:利用钻井和测井资料、地震资料、动态资料研究构造等方法。

2. 答:通过倾角矢量图、方位频率图等研究地下构造。

地下构造的类型:不发育断层的情况,包括水平层、单斜层、各种类型的褶皱(不同类型的向斜、不同类型的背斜);发育断层的情况,分发育断裂带、断层面附近有地层变形。

3. 答:(1) 井下地层的重复与缺失;(2) 非漏失层发生钻井液漏失和意外的油气显示;(3) 近距离内标准层的标高相差悬殊;(4) 近距离内同层厚度突变;(5) 短距离内同一油气层内流体性质、折算压力和油(气)水界面有明显差异;(6) 地层倾角矢量图上有特殊显示。

4. 答:首先将该井剖面与正常剖面逐层进行对比,确定断点的具体位置:地层重复或缺失的起点。

组合井间断点:(1) 当有地层倾角测井资料时,用其确定各个断点断层面的走向和倾向并进行组合;(2) 当没有倾角测井资料时,通过尽量多的井,应用各井的分层数据和断点资料作一系列纵、横剖面图,使同一断点至少能通过两条剖面并进行组合;(3) 在断层彼此交叉的复杂地区,应该绘制断面等值线图来组合断点。

5. 答:断面构造图又称断层面等高线图,是以等高线表示断层面起伏形态的图件。

在断层彼此交叉的复杂地区,一口井往往会钻遇多条断层,具有多个断点,应该绘制断面等值线图来组合断点。一般先从复杂区的单断点区编制断面等值线图，获得其产状要素，然后根据已知的走向、倾向、倾角和断距等资料向复杂区延伸，把多断点区分开来，进而作出各条断层的断面等值线图。

6. 答：(1) 断层两侧的岩性条件；(2) 断层产状与岩层产状配置关系；(3) 断层的力学性质；(4) 断层面及两侧岩层的排替压力；(5) 单井断点的测井曲线显示；(6) 钻井过程中的显示；(7) 断层两盘的流体性质及分布；(8) 断层活动时期与油气聚集期的关系。

7. 答：(1) 早于成藏期的断裂是封闭性的；(2) 与成藏期同时的断裂，早期是开启性的，晚期是封闭性的；(3) 主要成藏期之后产生并继续活动的断裂具开启性；(4) 油田内现今仍然活动的断裂是开启性的。

8. 答：(1) 剖面线应尽可能垂直于地层走向，或垂直或平行于构造轴向，以便真实地反映地下构造；(2) 剖面线应尽可能穿过更多的井，以便提高剖面的精度；(3) 剖面线应尽可能均匀分布，以便全面了解油气田构造情况；(4) 剖面线应选择在需要了解构造细节的部位，并通过新拟定的探井井位。

9. 答：(1) 井位校正：把不在剖面上的井移到剖面。其目的在于提高剖面精度，充分利用剖面线附近的井资料。(2) 井斜校正：对弯井进行校正。其目的在于正确体现地下构造形态。图示略。

10. 答：地质剖面图：(1) 选好剖面线，按规定的比例尺画在绘图纸上的适当位置，标出海拔零线及纵向比例尺；(2) 把各个井位点标在剖面线上，并按各井井口海拔标高描出沿剖面线的地形线；(3) 通过各井位作剖面线的垂线，或将校正后的斜井段长度画在剖面上，并按海拔高度和纵向比例尺标明各井的地层界限、标准层和断点等；(4) 将各井相同的顶、底界面连成平滑曲线，把属于同一断层的各断点连成断层线，注明图件要素。用途：了解油气田地下构造、地层和含油气情况，对分析油气藏类型，油气层在纵向上的分布规律、断层产状，不整合及设计新井等起重要作用。

地下构造图：(1) 选择制图标准层；(2) 用计算法、作图法进行弯井地下井位的校正和标高换算；(3) 以等高线来描述标准层界面相对于基准面的起伏特征，可通过三角网法、剖面法、地震构造图的深度校正法。用途：清楚地反映油气田地下构造特征，如构造类型、轴向、高点位置等；为研究油气藏类型奠定基础；为新井设计提供深度依据；圈定含油气边界，可为储量计算提供面积参数，为开发方案提供地质依据。

11. 答：(1) 等高线从高部位井点到低部位井点间内插穿过，不同翼和不同断块之间等高线不能横穿；(2) 等高线一般彼此不能相交，倒转背斜及逆断层例外，但下盘被隐蔽部分一般不画出来或以虚线表示，以免混淆；(3) 当层面近于直立时，等高线重合。

12. 答：(1) 地层缺失特点不同：断层，不同井缺失的层位及其深度各不相同，按一定的方向逐渐变化，多口井钻遇时，断层面两侧能找到对应的同一套地层；不整合面上下找不到相对应的同一套地层，缺失具有区域性。

(2) 钻井中不整合发育风化壳等；断层发育断层角砾及破碎带等。

13. 答：(1) 利用倾角测井，确定各断点断层面的走向和倾向，组合断点；(2) 构造剖面图组合断点；(3) 断面等值线图组合断点。

14. 答：在地层倾角小于断层倾角时，钻遇正断层地层缺失，钻遇逆断层地层重复；反之，当地层倾角大于断层面倾角，且两者倾向一致时，钻遇正断层地层重复，钻遇逆断层地层缺失。

15. 答:不一定。除了正断层导致地层缺失外,不整合(沉积间断)及某些逆断层也可能导致地层缺失。图示略。

16. 答:地层重复:逆断层、倒转背斜、斜井;地层缺失:不整合、正断层、斜井等。图示略。

17. 答:利用图解法进行井斜校正的步骤:(1) 计算井斜段的垂直投影和水平投影,$S=L\sin\delta$,$H=L\cos\delta$;(2) 过 A 点作井斜方位线,截取 $AE=S$;(3) 过 E 点作地层走向线,与剖面交于 F 点;(4) 过 F 点作垂线,截取 $FC=H=AD$;(5) 连接 AC,即该井斜段在剖面上的投影。图示略。

18. 如图 8-7 所示。

19. 略。

20. 略。

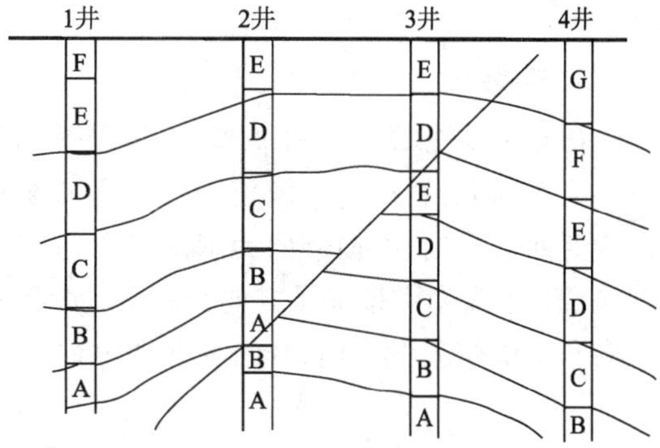

图 8-7 连井剖面图

8.6 案例分析

1. 案例 1

(1) 略。

(2) 如图 8-8 所示。

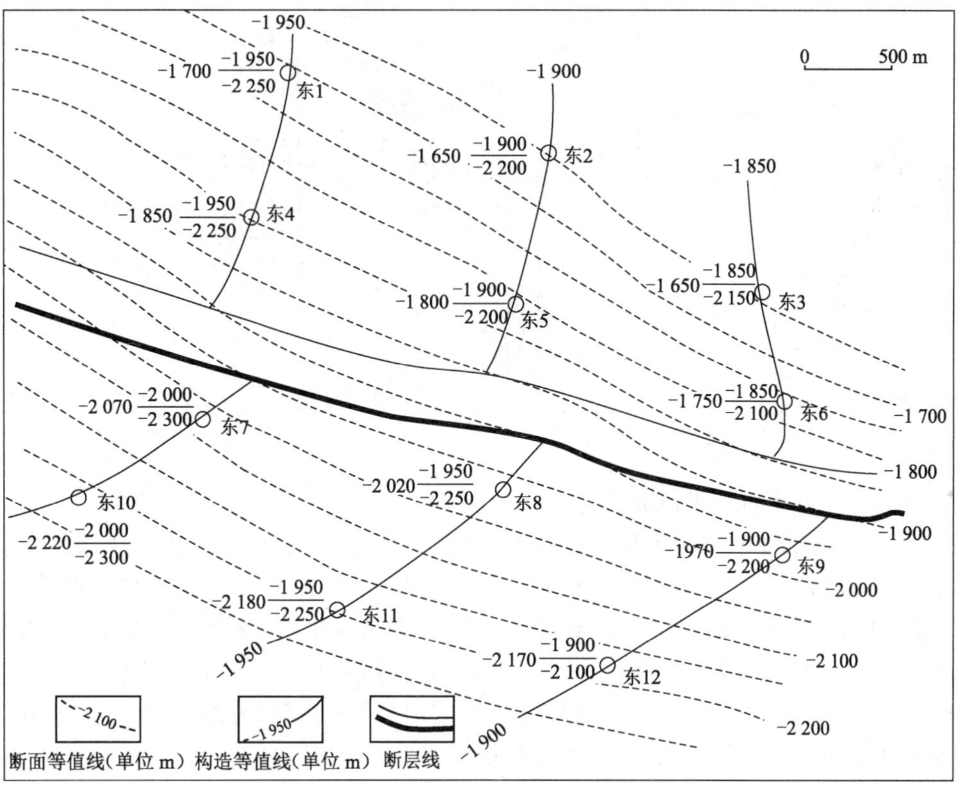

图 8-8 断层面等值线及断层图

2. 案例 2

略。

3. 案例 3

略。

4. 案例 4

(1) 断点处(2 270～2 320 m)地层倾角矢量很乱,为一个较破碎的断裂带。

上盘向北西方向倾,倾角 10°;下盘向南东方向倾,倾角 10°。根据地层对比结果,断层走向为北西西方向,断面倾向为南南西方向(图 8-9)。

(2) 上盘牵引带矢量方向为北西,呈明显的红模式,断层走向为南西-北东方向;断层面倾向和牵引带矢量方向相同,为北西方向,断点在 1 925 m(图 8-10)。

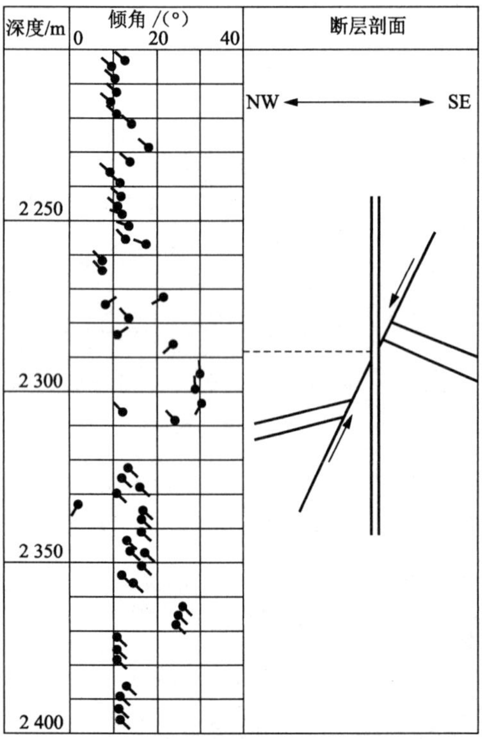

图 8-9 坨 62-31 井构造解释剖面

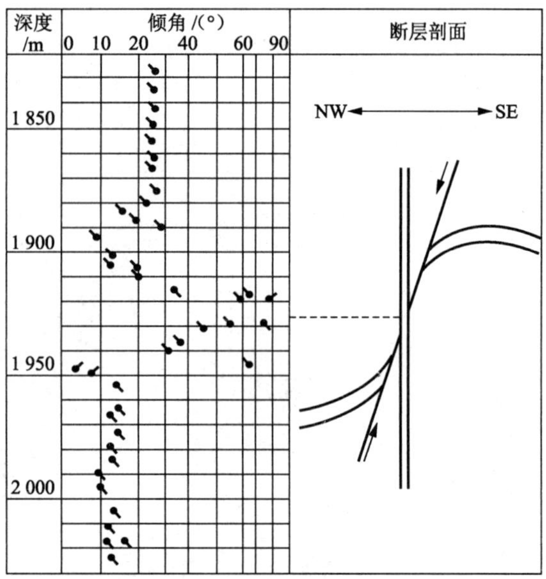

图 8-10 文 15-1 井构造解释剖面

(3) 桩古 13 井下古生界测井解释。

如图 8-11 所示,奥陶系及 GR 曲线标志的两层特征层 O_1、O_2 层在桩古 13 井内重复出现三次:上段(3 630～3 740 m)和下段(4 320～4 440 m)的 O_1、O_2 层自然伽马曲线形状相同。中段地层(4 120～4 280 m)反向倒置,其地层倾角为高角度,视厚度明显增大。因此,其 O_1、O_2 层的自然伽马曲线形状与上、下两段呈镜向对称,且曲线明显拉长。上段与下段的地层倾向北东方向,倾角为 10°～15°;中段地层倾向与上、下段相反,为南西方向,倾角为 40°～60°。所以可以解释为逆掩断层-平卧褶曲构造。

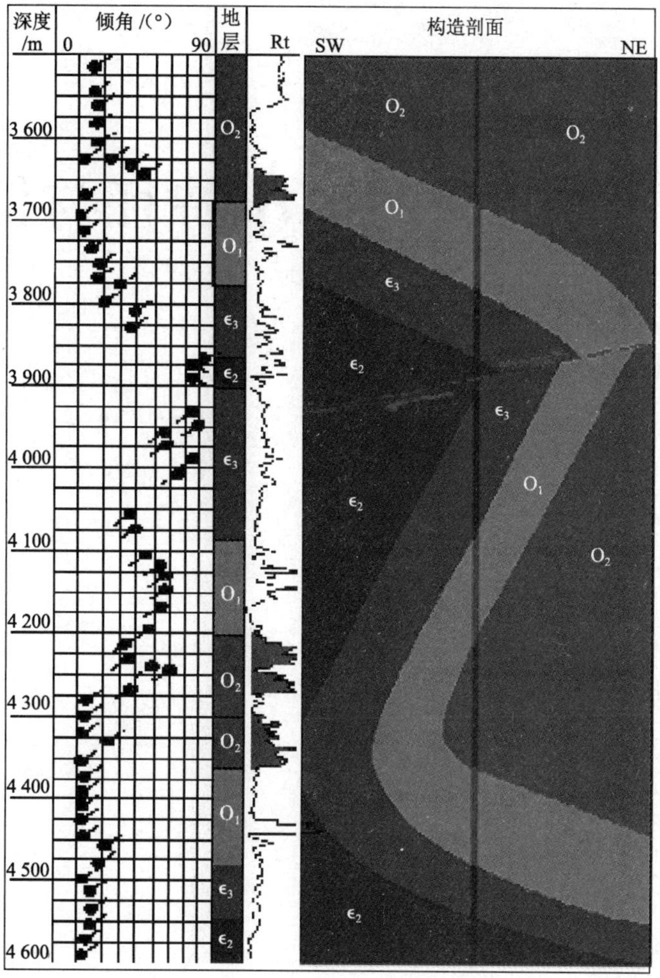

图 8-11 桩古 13 井构造解释剖面

第 9 章　油气藏的温压特征与储量计算

9.1　名词解释

1. 静水压力

2. 静岩压力

3. 有效应力

4. 孔隙流体压力(地层压力)

5. 压力梯度

6. 异常地层压力

7. 压力系数

8. 原始油层压力

9. 折算压头

10. 折算压力

11. 目前油层压力

12. 油层静止压力

13. 地温梯度

14. 地质储量

15. 探明地质储量

16. 控制地质储量

17. 预测地质储量

18. 含油面积

19. 油(气)层有效厚度

20. 采油指数

21. 可采储量

22. 采收率

9.2　选择题(每题有一个或多个正确答案)

1. 测压水位高于井口海拔,形成(　　)。

A. 高压异常　　B. 低压异常　　C. 常压　　D. 静水压力

2. 高压异常地层压力带具有以下特点(　　)。

A. 地层孔隙度偏大　　B. 密度偏大

C. 电阻率偏高　　D. 地层温度偏高

3. 正常压实,随埋深增加,声波传播速度和传播时间的变化分别为(　　)。

A. 增大,减小　　B. 增大,增大　　C. 减小,减小　　D. 减小,增大

4. 在背斜构造油藏上,原始油层压力的分布特点有(　　)。

A. 原始油层压力随埋深增加而增大

B. 流体性质对原始油层压力的分布有重要的影响

C. 对于井底海拔高度相同的各井,流体性质相同则压力相同

D. 气柱高度变化对气井压力影响很大

5. 原始油层压力分布主要受构造因素影响,油层厚度均匀,压力等值线与构造等高线(　　)。

A. 没关系　　B. 基本平行　　C. 相交　　D. 重合

6. 对未投入开发的、具有同一水动力系统的无泄水区油藏,不同部位的折算压力或折算压头(　　)。

A. 没关系　　B. 相等

C. 随深度增大而增大　　D. 随深度增大而减小

7. 地下流体是否流动的关键是否存在(　　)。

A. 折算压差　　B. 流体压力　　C. 流体密度差　　D. 高度差

8. 地下流体的流动状况是由折算压力(　　)处向折算压力(　　)处流动。

A. 高,低　　B. 低,高　　C. 高,高　　D. 低,低

9. 异常高压过渡带声波传播时间(　　)。

A. 不变

B. 向增大方向偏离正常趋势线

C. 向减小方向偏离正常趋势线

D. 沿正常趋势线增大

10. 图 9-1 为气藏,2 井井底压力(　　),1 井井底压力(　　)。

A. 常压,异常高压　　B. 常压,常压

C. 异常高压,异常高压　　D. 异常高压,常压

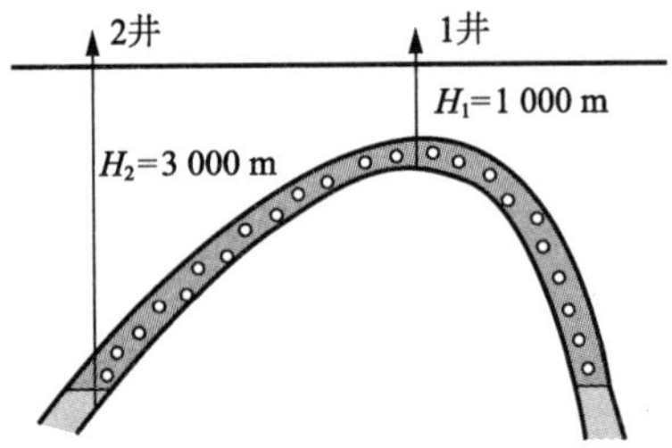

图 9-1　气藏剖面图

11. 油田开采后需要计算(　　)来确定流体的流动方向。

A. 异常压力　　B. 目前油层压力

C. 折算压力　　D. 原始油层压力　　E. 静水压力

12. 岩性遮挡油藏在经历一定的埋藏深度、具有一定的压力后,因断裂作用上升,其原始压力仍保存下来,形成(　　)。

A. 正常压力　　B. 高压异常　　C. 低压异常　　D. 静水压力

13. 潜在资源量是指在(　　),对已发现的、有利含油气的圈闭或油气田的邻近区块(层系),根据石油地质条件分析和类比,采用圈闭法估算的原地油气总量。

A. 圈闭预探阶段前期　　B. 圈闭预探阶段后期

C. 区域勘探　　D. 评价勘探

14. 地质储量是指在(　　),根据已发现油气藏(田)的地震、钻井、测井和测试等资料估算求得的已发现油气藏(田)中原始储藏的油气总量。

A. 发现油气前　　B. 钻探发现油气后

C. 区域勘探阶段　　D. 评价勘探阶段

15. 圈闭预探发现工业油气流,在评价钻探过程中钻了少量的评价井后,经过油气藏描述、评价后所计算的储量为(　　)。

A. 预测储量　　B. 探明储量　　C. 控制储量　　D. 地质储量

16. 在油气田评价勘探阶段完成或基本完成以后,经过油气藏描述、评价计算出的储量为(　　)。

A. 预测储量　　B. 探明储量　　C. 控制储量　　D. 地质储量

17. 油气资源评价的核心任务是（　　）。

A. 查明油气田

B. 寻找油气田

C. 为有效地寻找和评价油气田提供依据

D. 优选含油气盆地

18. 圈闭经过预探井钻探获得工业油气流、油气层或油气显示以后，根据区域地质条件的分析和类比，对有利区按照容积法估算的储量为（　　）。

A. 预测储量　B. 探明储量　C. 控制储量　D. 地质储量

19. 在油气藏评价阶段估算求得的、确定性很大的地质储量，是（　　）。

A. 预测储量　B. 探明储量　C. 控制储量　D. 地质储量

20. 油气藏的纯含油区是（　　）控制的部分。

A. 外含油边界　B. 内含油边界

C. 断层　D. 岩性尖灭线

21. 含油面积与（　　）有关。

A. 构造　B. 砂岩分布

C. 有效厚度分布　D. 水动力

22. 油水界面的确定方法包括（　　）。

A. 利用岩芯、测井及试油资料确定

B. 利用毛细管压力资料确定

C. 利用压力资料确定

D. 压力梯度法

23. 利用岩芯、测井及试油资料确定的油水界面，是某一油水系统中各井（　　）油层底界和（　　）油水同层或水层顶界海拔高度。

A. 最低，最高　B. 最高，最低　C. 最低，最低　D. 最高，最高

24. 油（气）层有效厚度必须具备三个条件（　　）。

A. 达到储量起算标准　B. 油层内具有可动油

C. 在现有工艺技术条件下可提供开发　D. 岩石粒度粗

25. 油层有效厚度平均值计算方法有（　　）等。

A. 算术平均法　B. 面积权衡法

C. 经验取值法　D. 迭代表值

26. 利用油（气）层和干层的岩芯孔隙度与渗透率交会图绘出产层与干层的孔隙度、渗透率分界线，称（　　）。

A. 有效厚度物性下限　B. 有效厚度物性上限

C. 最大渗透率　D. 最小渗透率

27. 压力降落法又称压力图解法，利用由气藏压力与（　　）所构成的“压降图”确定气藏储量，所计算的储量又称为压降储量。

A. 累积产气量　B. 单井产气量

C. 最大单井产量　D. 资源量

9.3 判断题(对者打√,错者打×)

1. 静岩压力等于地层压力加上有效应力。 (　　)
2. 断裂沟通深部高压气藏容易形成浅部油层高压异常。 (　　)
3. 当测压水位低于井口海拔时,形成低压异常。 (　　)
4. 测压面是供水区与泄水区的连线,是一个假想面。 (　　)
5. 当地层较陡,气藏高度大时,流体密度差对异常地层压力的影响更明显。 (　　)
6. 位于高陡气藏顶部的气井往往显示出特别高的异常地层压力。 (　　)
7. 在异常压力过渡带,地震层速度减小,偏离正常压实趋势线。 (　　)
8. 在高压异常过渡带,钻速立即增大。 (　　)
9. 同一水动力系统,压力等值线连续;不同水动力系统,压力等值线不连续。 (　　)
10. 在静水条件下,各井原始油层压力的折算压头或折算压力相等,该油藏为一个水动力系统。 (　　)
11. 油气在岩性圈闭中聚集成藏,油藏具有一定的压力,后因断裂作用下降,其原始压力保持不变,形成高异常地层压力。 (　　)
12. 原始油层压力的分布受油层埋深和流体性质的影响。 (　　)
13. 地层内流体始终从压力高的地方流向压力低的地方。 (　　)
14. 总原地资源量等于未发现原地资源量加上地质储量。 (　　)
15. 投资并勘探开发油田时,预测储量比控制储量的可靠性高。 (　　)
16. 容积法适用于不同勘探、开发阶段。 (　　)
17. 容积法计算断块油藏的储量,获得油水界面位置后即可确定含油面积。 (　　)
18. 油水界面可以是倾斜的或凹凸不平的,油水过渡段厚度可不一致。 (　　)
19. 岩性侧向变化可以引起油水界面倾斜和过渡段加厚。 (　　)
20. 岩性油藏的含油面积由尖灭线(有效厚度零线)和油水边界控制。 (　　)
21. 当储集层的孔隙度、渗透率及含油饱和度较高时,油(气)层具有开采价值。 (　　)
22. 算术平均法计算油气层有效厚度适合于井网均匀、油层厚度变化不大的油田。 (　　)
23. 原始油层压力的分布受油层埋深和流体性质的影响。 (　　)
24. 计算断块油藏的含油面积时,除确定油水界面位置外,还应落实断层的确切位置。 (　　)

9.4 填空题

1. 有供水区无泄水区的背斜油藏中,若两井油层中部海拔相同,当钻遇流体性质相同时,原始油层压力________;反之,流体密度小的油层压力________,流体密度大的油层压力________。

2. 大量研究与实践证明,造成异常地层压力的原因主要有热力和生物化学作用、____________、____________、____________、____________、流体密度差异、渗析作用及测压水位影响等。

3. 异常高压过渡带的泥页岩由于欠压实而具有岩石密度________、孔隙度________等特点，使其电阻率________、声波时差________。

4. 地层内流体始终从____________________高的地方流向低的地方。

5. 地层压力是油气田开发中重要的基础参数，它又可称为________________________。

6. 岩性遮挡油藏原来埋藏较深，具有一定的压力，后因断裂作用上升，其原始压力仍保存下来形成________________。

7. 含油气盆地总原地(资源)量包括____________(未发现)和________________。

8. 根据勘探(开发)对油气藏的认识程度，分为三级：____________、____________、____________。

9. 探明地质储量包括________________________、________________________。

10. 容积法实质是计算地下岩石孔隙中油气所占体积，并用地面的__________单位或________单位表示。

11. 地层原油体积系数是油层中一定体积原油与它在____________条件下原油体积之比。

12. 储量计算单元一般是____________，但有些油(气)藏可根据情况细分或合并计算。

13. 有效厚度必须具备三个条件：____________________________、____________________________、________________________。

14. 我国采用的三阶段油气勘探程序依次是___________、___________、___________。勘探方案实施过程中，在有油气远景的局部构造经预探井钻探获得工业性油气流后，据区域地质条件分析和类比，可利用________计算储量，该储量称为________储量。

15. 容积法计算石油储量时涉及六类参数：________________、________________、________________、体积系数、原油密度和采收率。

16. 对于已发现的砂岩背斜油藏可以通过__________计算相应级别的石油地质储量。

17. 确定油水界面一般有三种方法：利用岩芯、测井及试油资料确定油水界面，利用________________曲线确定油水界面，利用________________确定油水界面。

18. 利用压力降落法计算天然气储量时，影响计算结果的因素有很多，如：____________________________________、固井质量不合格、________________________________等。

19. 压力降落法利用由____________________和____________________所构成的“压降图”来确定气藏储量，因此该储量又称为________________。

9.5　简答、图示分析及讨论题

1. 何谓异常地层压力？异常地层压力的成因有哪些？

2. 如何预测异常地层压力？

3. 何谓原始油层压力？原始油层压力的来源、分布特点分别是什么？如何确定原始油层压力？

4. 原始油层压力等压图有何用途？

5. 何谓油层折算压力？油层折算压力等压图有何用途？

6. 影响地温场分布的主要因素有哪些？

7. 讨论图 9-2 中 1 井和 2 井的井底压力、折算压力及流体的流动方向。

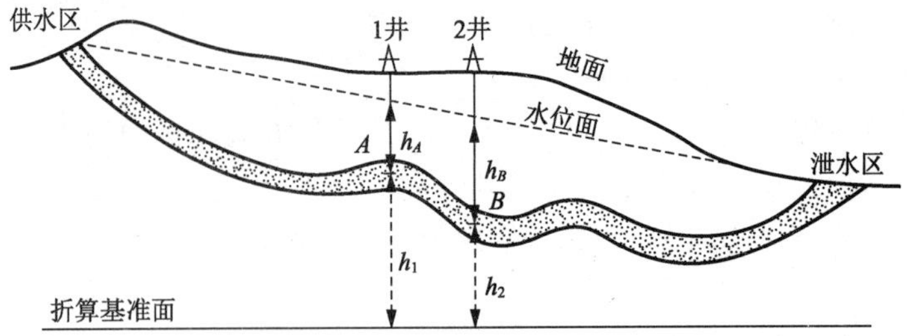

图 9-2　地层剖面图

8. 简述油气储量的几个概念。

9. 我国的油气储量及资源量是如何分级、分类的？有何特点？

10. 容积法计算储量的基本原理是什么？储量计算中各参数如何确定？

11. 确定油水界面的方法有哪些？如何确定不同类型油气藏的含油面积？

12. 简述容积法储量计算中油藏含油面积参数获取的方法及步骤。

13. 何谓油层有效厚度？如何确定油层有效厚度？

14. 简述确定有效厚度物性下限标准的主要方法。

15. 图示面积权衡法。

16. 分析图 9-3，回答问题：(1) 原始油层压力分布规律是什么？(2) 图 9-3 的主要用途有哪些？(3) 当投入开发后，能否应用地层压力的大小来分析流体的运动方向？为什么？

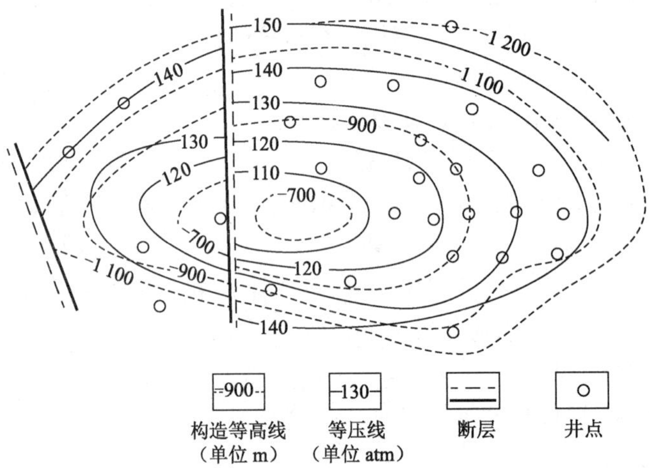

图 9-3　某油田原始油层压力等压图

17. 压降法计算天然气储量的基本原理是什么？其适用条件及影响因素有哪些？

18. 油气储量计算方法有哪些？不同计算方法的适用条件是什么？

9.6　案例分析

1. 案例 1：折算压力及油水界面

(1) 根据油层顶面构造图（图 9-4）和 A、B 两口探井资料（表 9-1），确定油水界面标高（要求写出计算过程，重力加速度 $g=10\ \mathrm{m/s^2}$），绘制 M-N 方向油藏剖面示意图。

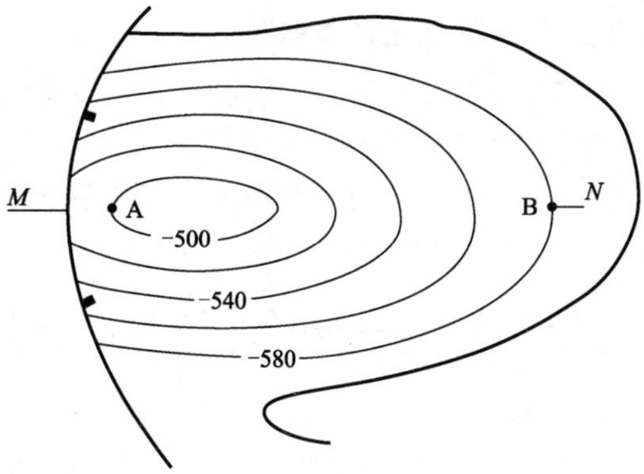

图 9-4　油层顶面构造图(单位 m)

表 9-1　A、B 两口探井资料

井　号	油层厚度/m	油层中部原始油层压力/(10^6 Pa)	流体性质	流体密度/(10^3 kg·m^{-3})
A	20	11.39	油	0.8
B	20	12.12	水	1.0

(2) 某含油构造已钻两口井，如图 9-5 所示，储集层厚度为 20 m，实测得各井参数见表 9-2。

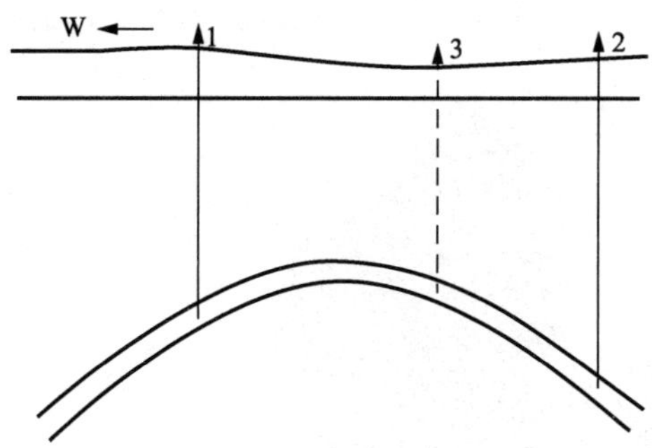

图 9-5　某含油构造剖面示意图

表 9-2　某含油构造井参数表

井　号	油层中部原始油层压力/(10^6 Pa)	井口海拔/m	油层中部井深/m	流体性质	流体密度/(10^3 kg·m^{-3})
1	20.58	550	2 100	油	0.8
2	25.48	500	2 600	水	1.0

要求：① 以海平面为基准面，计算两口井的折算压力。

② 如果设计 3 号井位于 1、2 两口井之间，且在油水界面以上，设油层中部井深为 2 000 m，井口海拔为 450 m，试计算说明该井能否自喷。(g=9.8 m/s^2)

2. 案例 2:新疆某油田夏 72 井区储量计算案例

含油层为二叠系风城组熔结角砾凝灰岩,气孔发育,孔隙度平均为 18.7%,渗透率平均为 $0.292\times10^{-3}\ \mu m^2$,是一套较好的深层火山岩储集层。

该油藏为背斜油藏(图 9-6),图 9-7 为油田范围及井点控制面积图,储量计算参数见表 9-3 和表 9-4,试利用容积法计算该油藏的地质储量。

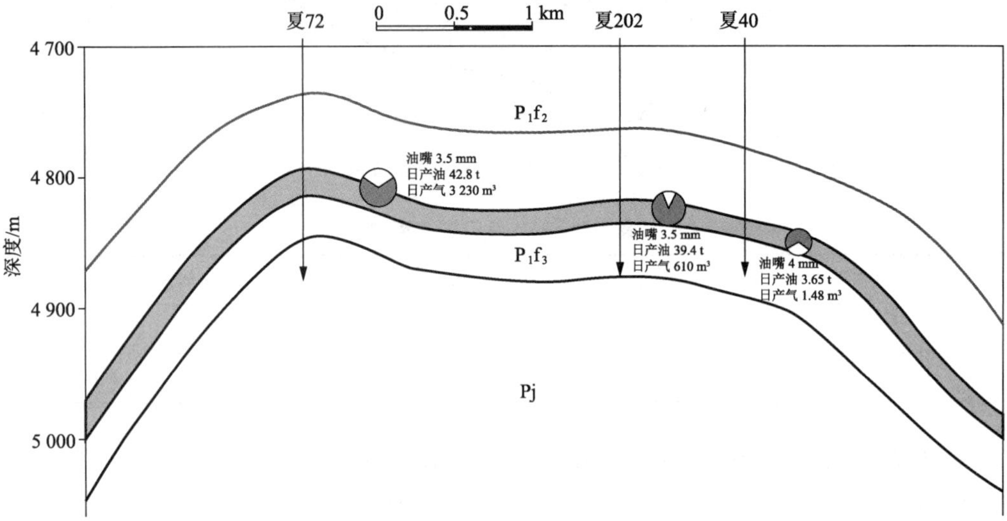

图 9-6 夏 72-夏 40 二叠系风城组油藏剖面图

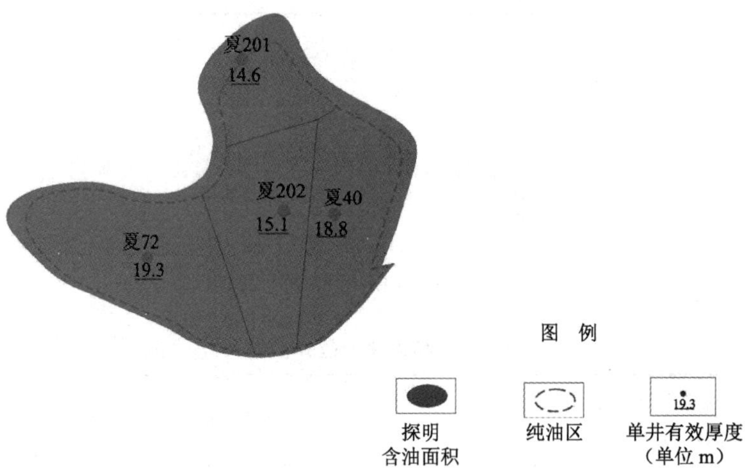

图 9-7 油田范围及井点控制面积

表 9-3 参数计算

井 号	有效厚度/m	有效孔隙度/%	含油饱和度/%
X72	19.25	21.0	61.4
X40	18.75	15.9	69.8
X202	15.13	17.4	61.4
X201	14.63	13.4	60.5

续表

井 号	有效厚度/m	有效孔隙度/%	含油饱和度/%
算术平均	16.94	16.9	63.3
井点面积权衡	15.98		
等值线法	15.64		
油层体积权衡		17.3/17.8	
孔隙体积权衡			63.3
取值	16.0	17	63

表 9-4 储量参数表

A_o/km^2	h/m	$\Phi/\%$	$S_o/\%$	ρ_o /$(g\cdot cm^{-3})$	B_{oi}	N /$(10^4\ t)$	G_s /$(10^8\ m^3)$	N_R /$(10^4\ t)$	G_R /$(10^8\ m^3)$
14.6	16.0	17	63	0.856	1.383	1 549	34.37	154.9	3.44

参考答案

9.1 名词解释

1. 静水压力:由静水柱重量造成的压力,$p_H = \rho_w g H$。

2. 静岩压力:由上覆沉积物或上覆岩层的重量所引起的压力,也称上覆岩层压力。

3. 有效应力:下伏岩层固体基质所承受的压力。

4. 孔隙流体压力(地层压力):岩层中孔隙流体所承受的压力。

5. 压力梯度:每增加单位高度所增加的压力(G_p,单位 MPa/100 m)。

6. 异常地层压力:偏离静水压力的孔隙流体压力。

7. 压力系数:实测地层压力(p_f)与同一深度静水压力(p_H)的比值。

8. 原始油层压力:油气田未投入开发之前所具有的压力,即第一口探井或第一批探井压力。

9. 折算压头:井内静液面距某一折算基准面(油水界面、海平面等)的垂直高度。

10. 折算压力:折算压头产生的压力。

11. 目前油层压力:油藏投入开发后某一时期的地层压力。

12. 油层静止压力:在油田投入生产以后,关闭油井,待压力恢复到稳定状态之后测得的井底压力。

13. 地温梯度:埋藏深度每增加 100 m 地层温度增高的度数。

14. 地质储量:根据已发现油气藏(田)的地震、测井、钻井、测试资料,求得的在地层原始条件下,呈原始状态的石油和天然气的总量。

15. 探明地质储量:在油气藏评价阶段,经评价钻探证实油气藏(田)可提供开采并能获得经济效益后，估算求得的、确定性很大的地质储量。

16. 控制地质储量：在圈闭预探阶段获得工业油气流，并钻了少量评价井，初步认为可提供开采后，所估算的储量，可作为评价钻探，编制中、长期开发规划的依据。

17. 预测地质储量：在圈闭预探阶段钻探获得油气流、油气层或油气显示后，根据区域地质条件分析和类比，对有利地区按容积法估算的储量，是制订评价勘探方案的依据。

18. 含油面积：具有工业性油流地区的面积，一般指油藏产油段在平面上的投影。

19. 油（气）层有效厚度：达到储量起算标准的含油气层系中具有产油气能力的那部分储集层厚度。

20. 采油指数：单位生产压差下油井日产油量，或井底流压改变 1 MPa 时产油量变化值。

21. 可采储量：从油气的地质储量中可采出的油气数量。

22. 采收率：可采储量与地质储量之比。

9.2 选择题

1. A　2. AD　3. A　4. ABC　5. B　6. B　7. A　8. A　9. B　10. A　11. C　12. B
13. C　14. B　15. C　16. B　17. C　18. A　19. B　20. B　21. ABCD　22. ABCD
23. A　24. ABC　25. ABC　26. A　27. A

9.3 判断题

1. √　2. √　3. ×　4. √　5. √　6. √　7. √　8. √　9. √　10. √　11. ×　12. √
13. ×　14. √　15. ×　16. √　17. ×　18. √　19. √　20. √　21. ×　22. √
23. √　24. √

9.4 填空题

1. 相同，大，小；
2. 成岩作用，剥蚀作用，断裂作用，刺穿作用；
3. 较小，较大，小，大；
4. 折算压力（或折算压头）；
5. 孔隙流体压力；
6. 异常高压；
7. 原地资源量，地质储量；
8. 探明地质储量，控制地质储量，预测地质储量；
9. 探明未开发可采储量，探明已开发可采储量；
10. 体积，质量；
11. 地面标准；
12. 单个油（气）藏；
13. 油（气）层内具有可动油（气），达到储量起算标准，在现有工艺技术条件下可进行开发；
14. 区域勘探，圈闭预探，油气田（藏）评价勘探，容积法，预测；

15. 油层有效厚度,有效孔隙度,原始含油饱和度;

16. 容积法;

17. 毛细管压力,压力资料;

18. 测压和产量计量不准确,单位压降采气量不为常数;

19. 气藏压力,累积产气量,压降储量。

9.5 简答、图示分析及讨论题

1. 答:异常地层压力为偏离静水柱压力的地层孔隙流体压力。

成因:成岩作用、剥蚀作用、断裂作用、刺穿作用、热力及生物化学作用、测压水位、流体密度差异、油气开采和渗析作用等。

2. 答:预测方法有地球物理测井法、地震勘探法、钻井资料分析法和异常地层压力预测方法。

3. 答:原始油层压力指油(气)层未被打开之前所具有的压力。

原始油层压力的来源:静水压头。

分布特点:(1) 原始油层压力随油层埋藏深度的增加而增大;(2) 流体性质对原始油层压力的分布有着极为重要的影响;(3) 气柱高度变化对气井压力影响很小,当油藏构造平缓、含气面积不大时,油气界面或气水界面上的原始油层压力可代表气顶(或气藏)内各处的压力。

原始油层压力的确定方法有实测法、压力梯度法、计算法和试井分析法等。

4. 答:原始油层压力等压图可以预测新井的原始油层压力,计算油藏的平均原始油层压力,判断水动力系统和计算油层的弹性能量;除此之外,还可以预测油藏的油水(或油气)边界。

5. 答:油层折算压力指折算压头产生的压力,折算压头指井内静液面距某一折算基准面的垂直高度。

油层折算压力等压图能够更直观、准确地反映油藏的开采动态及地下流体的流动状态,可控制油藏均匀采油和水线均匀推进,利用等压图上的压头或压力分布与变化特征,可拟定油藏分区的配产、配注方案和各井的技术措施。

6. 答:主要因素有大地构造性质、基底起伏、岩浆活动、岩性、盖层褶皱、断层、地下水活动及烃类生成与分布等。

7. 答:井底压力:2 井的井底压力大于 1 井的井底压力;

折算压力:1 井的折算压力大于 2 井的折算压力;

流体的流动方向:由 1 井流向 2 井。

8. 答:预测地质储量、控制地质储量、探明地质储量。

9. 答:总原地资源量=未发现原地资源量+地质储量,地质储量分为预测地质储量、控制地质储量、探明地质储量,探明地质储量分为未开发探明储量、已开发探明储量。

特点:保留中国特色,体现国际惯例。

10. 答:基本原理为确定地下岩石孔隙中油气所占的体积,并用地面的体积单位或质量单位表示。

(1) 含油面积:其大小取决于产层的圈闭类型、储集层物性变化及油水分布规律。

(2) 油层有效厚度:以单层试油资料为依据,对岩芯资料进行充分实验和研究,制定出油气层划分标准,包括油水层标准,用测井曲线及其解释参数确定油气层有效厚度。

(3) 油层有效孔隙度:以实验直接测定的岩芯分析数据为基础,先求岩芯分析孔隙度,再利用测井参数定量解释孔隙度。

(4) 油层原始含油饱和度:先求油层束缚水饱和度,再求原始含油饱和度。

(5) 原油体积系数:在试油阶段经井下取样或地面获得准确的地层流体高压物性分析数据。

(6) 地面原油密度:根据一定数量有代表性的地面样品分析结果确定。

11. 答:确定油水界面的方法主要有:(1) 利用岩芯、测井以及试油资料等确定;(2) 应用毛细管压力曲线确定;(3) 利用压力资料确定。

确定不同类型油气藏含油面积的方法为:对于均值油层、岩性及物性稳定、构造简单的油藏来说,可根据油水边界确定含油面积。对于地质条件复杂的油藏,含油边界往往有多种边界构成。对于这一类油藏,在查明圈闭形态、断层位置、岩性边界以及确定油藏油水分布规律之后才能圈定含油面积。还可依据油藏类型圈定含油面积。

12. 答:(1) 确定油水界面。利用岩芯、测井及试油资料确定油水界面,利用毛管压力资料确定油水界面,利用压力资料确定油水界面,利用压力梯度资料确定流体界面;(2) 对于简单的背斜油藏,主要弄清构造形态及确定统一的油水界面;(3) 对于断块油气藏,确定断层的正确位置,弄清断块内油气水系统与油水界面;(4) 对于构造-岩性油藏和岩性油藏,需要确定断层位置、构造形态、岩性边界以及油水界面等。

13. 答:油层有效厚度:指达到储量起算标准的含油层系中具有产油能力的那部分储层厚度。

有效厚度必须具备三个条件:达到储量起算标准,油层内具有可动油,在现有工艺技术条件下可进行开发。

确定油层有效厚度的方法为:(1) 确定有效厚度的物性下限标准,包括测试法、经验统计法、含油产状法和钻井液侵入法;(2) 确定有效厚度的测井下限标准;(3) 根据物性与测井下限标准确定有效层,划分出产油层的顶底界限,量取总厚度,并从总厚度中扣除夹层的厚度,从而得到油层的有效厚度。

14. 答:有效厚度物性下限标准主要有三个参数:孔隙度、渗透率和含油饱和度,其确定的方法为测试法、含油产状法和钻井液侵入法等。

15. 略

16. 答:(1) 原始油层压力随油层埋藏深度的增加而增大,流体性质对原始油层压力分布有极为重要的影响,气柱高度变化对气井压力影响很小。

(2) 预测新井的原始油层压力,计算油藏的平均原始油层压力,判断水动力系统,计算油层的弹性能量。

(3) 不一定。回答折算压力相关要点。

17. 答:基本原理略。

适用条件:气藏开采到一定阶段,获得一定数量产量、压力资料;开采期间气藏体积不变的纯气驱气藏;若边缘有含油气带,则导致计算结果不准确;整个气藏互相连通。

影响因素:单位压降采气量受边水或底水供给、低渗透带补给、异常高压、反凝析作用等的影响，测压和计产不准确，井身质量不达标。

18. 答：(1) 容积法，适用于不同驱动方式的砂岩油气田，裂缝性灰岩油气田的可靠性较差；(2) 物质平衡法，适用于不同驱动方式的砂岩和裂缝性灰岩气田；(3) 压降法，仅适用于封闭性消耗式开发的砂岩或裂缝性灰岩油气田；(4) 产量递减法，适用于不同驱动方式的砂岩和灰岩油气田；(5) 统计对比法，适用于经验推算后备油气田的储量；(6) 矿场不稳定试井法，适用于不同驱动方式的砂岩与灰岩油气田。

9.6　案例分析

1. 案例 1

略

2. 案例 2

略

参考文献

[1] 蔡希源,等.现代测井技术应用典型实例[M].北京:中国石化出版社,2009.

[2] 陈立官.油气田地下地质学[M].北京:地质出版社,1983.

[3] 国景星,李红南,张立强,等.油气田开发地质学[M].北京:石油工业出版社,2017.

[4] 蒋有录,查明.石油天然气地质与勘探[M].北京:石油工业出版社,2006.

[5] 蒋有录,谭丽娟.油气地质与勘探实验、习题及课程设计[M].青岛:中国石油大学出版社,2013.

[6] 纪友亮,张立强.油气田地下地质学[M].上海:同济大学出版社,2007.

[7] 何生,叶加仁,王芙蓉,等.石油与天然气地质学实习指导书[M].武汉:中国地质大学出版社,2010.

[8] 黄雪峰,吴伟,冯磊.辽东湾地区辽中凹陷东营组烃源岩评价[J].沉积与特提斯地质,2016,36(2):81-86.

[9] 李鸿智.油气田地下地质学实习及课程大作业指导书[M].北京:地质出版社,1993.

[10] 刘福田,李荣西,左智,等.鄂尔多斯盆地南部地区上三叠统延长组6段地层水成因及其油气意义[J].石油与天然气地质,2018,39(6):1179-1189.

[11] 潘建国,陈永波,许多年,等.夏72井区风城组火山岩喷发模式及其分布[J].新疆石油地质,2008,29(5):551-552.

[12] 胜利油田石油地质志编写组.中国石油地质志　卷六(胜利油田)[M].北京:石油工业出版社,1993.

[13] 吴红霞.FMI成像测井在利津洼陷沉积相解释中的应用[J].新疆石油地质,2008,29(6):765-767.

[14] 薛永安.渤海海域油气运移“汇聚脊”模式及其对新近系油气成藏的控制[J].石油学报,2018,39(9):963-970,1005.

[15] 张立强,鲍丙生,黄根炉,等.油气田地质实习指导书[M].青岛:中国石油大学出版社,2011.

[16] 张立强,卢旭宁,葛雪莹.饶阳凹陷留北地区新近系河流相沉积模式[J].吉林大学学报(地球科学版),2015,45(4):1021-1029.

[17] 朱世发,刘欣,马勋,等.准噶尔盆地下二叠统风城组致密碎屑岩储层发育特征[J].高校地质学报,2015,21(9):461-470.